申报普通高等教育"十二五"国家级规划教材

家具创意设计

主　编　牟　跃

副主编　梁　新　刘宝顺　谭　巍

知识产权出版社
全国百佳图书出版单位

内容提要

本教材是《家具与环境设计》教材的提高改进版，全面概括了家具设计工艺，阐述了现代家具创意设计的新理念、新风格、新技术、新材料，展现了中国家具产业如何实现从制造到创造，从仿制到中国品牌创意的蜕变。本教材使读者能深入了解家具设计工程工艺及功能需求，科学运用诸多专业知识，将家具创意设计与技术制作密切结合，综合运用著名家具设计案例的创意方法，应用于现代不同风格的家具工程项目。本教材有助于提高职业家具设计师和家具设计专业学生的能力结构，创造出新颖舒适的家具。

责任编辑：牛洁颖　　　　　责任校对：韩秀天
执行编辑：崔开丽　　　　　责任出版：卢运霞

图书在版编目（CIP）数据

家具创意设计 / 牟跃主编 . —北京：知识产权出版社，2012.6
ISBN 978-7-5130-0344-5

Ⅰ. ①家…　Ⅱ. ①牟…　Ⅲ. ①家具－设计　Ⅳ. ①TS664.01

中国版本图书馆 CIP 数据核字（2012）第 097027 号

家具创意设计

牟　跃　主编
梁　新　刘宝顺　谭　巍　副主编

出版发行：知识产权出版社

社　　址：	北京市海淀区马甸南村 1 号	邮　编：	100088
网　　址：	http：//www. ipph. cn	邮　箱：	bjb@cnipr. com
发行电话：	010-82000860 转 8101/8102	传　真：	010-82005070/82000893
责编电话：	010-82000860-8109	责编邮箱：	niujieying@sina. com
印　　刷：	北京雁林吉兆印刷有限公司	经　销：	新华书店及相关销售网点
开　　本：	787mm×1092mm　1/16	印　张：	11
版　　次：	2012 年 7 月第 1 版	印　次：	2012 年 7 月第 1 次印刷
字　　数：	207 千字	定　价：	28.00 元

ISBN 978-7-5130-0344-5/TS・009（4220）

本书介绍：

　　本书是原《家具与环境设计》教材的改进版。本书总结了原教材出版以来的教学实践经验，增加了现代家具创意设计的新理念、新风格、新技术、新材料等内容，并辅以各个时期的具有代表性的经典家具实际案例分析，深刻展现了中国家具产业从制造到创造，从仿制到追求中国特色，从主流到多元化的创意锐变。本书使读者了解家具设计工程，能根据不同的场所功能需求创意设计出相应款式的家具。本教材运用诸多专业知识，深化家具创意设计与木工工艺技术制作的结合，指导学生掌握现代家具设计制作的基本创意方法，从而完成不同风格的家具工程项目。

　　愿这部文图并茂、观点明确、资料丰富的专著型教材，有助于提高职业家具设计师和环境设计专业学生的设计水平，帮助他们形成完整的知识结构，创意出更加新颖和舒适的特色家具。

作者简介：

　　牟跃　天津师范大学美术与设计学院教授、环境艺术设计专业硕士生导师。1969年从事木工工作；1980年毕业于天津美术学院；1993年日本东京国立学艺大学研究生毕业。编著出版了多部专著和教育部国家规划教材。担任全国艺术科学和社会科学国家课题组组长、教育部人文社会科学课题组组长，主持制定了《城市公共交通标志》和《风景园林标志标准》等国家标准；国家城镇建设标准技术委员会委员、天津市标准化协会理事。

　　梁新　天津师范大学美术与设计学院环境艺术设计专业2012年硕士毕业。曾先后多次获得全国专业性比赛奖项，其中设计作品"双向节能环保候车亭"获"中国营造"2009年全国环境艺术设计大展优秀创意奖，曾发表《浅谈公共设施的地方性设计——以候车亭为例》等多篇专业学术论文。现为中国建筑学会室内设计分会会员。

　　刘宝顺　天津商业大学设计学院副院长，博士、副教授，天津市工业设计协会理事。高校任教20余年，长期从事工业设计的教学和科研工作，主要研究工业设计理论、产品设计、包装设计。出版学术专著1部，编写教材6部，发表论文20余篇。

　　谭巍　2006年硕士毕业于吉林大学。现为天津师范大学美术与设计学院讲师。担任环境艺术设计专业主要课程的教学工作。先后参与主持多项科研项目，发表多篇专业学术论文，并出版教材《公共设施设计》。现为中国建筑学会室内设计分会会员。

前　言

　　环境艺术设计是现代环境科学与艺术设计结合的学科。家具设计课程在环境艺术设计教学中占有极为重要的位置。虽然家具的历史悠久，家具设计的书籍很多，但是专门对家具创意设计进行综合分析的教材却很少。

　　当前的全球经济危机使依赖国外市场生存的中国家具产业面临着困境。造成中国制造"仿造"家具的困境之根本，在于我国家具行业缺乏原创设计。当我们把中国传统的家具，尤其是明清家具视为中华瑰宝的时候，现代中国家具的设计风格在哪里？这一直是我们的困惑。现代中国家具产业尚处于世界价值产业链体系的低端，以高能耗高污染为代价赚取微薄的加工利润，中国的家具产业要想拥有强大的国际竞争力，必须实现中国特色的现代设计创意，由过分依赖国外市场的"中国制造"转向具有品牌效应的"中国创造"。本教材旨在开拓科学的家具创意设计内涵，打破以往教材沿袭的只讲制图和造型的老模式，注重分析不同场所环境与家具设计风格的整合，强调创意设计与工艺技术制作的一致性。

　　本书在提升原教材《家具与环境设计》的过程中，着力深化"中国创造"的设计理念，开拓科学的创意内涵。纵观历史走向，家具的风格、造型、类别、功能、形态、材料、制造工艺等，是随着人类居住环境的发展而变化的。因此，纵向梳理家具设计发展的脉络，剖析家具风格的变迁，横向解读全球现代家具主流设计与多元化的关系，就能找到家具设计创意的规律，把握中国家具设计创意的基本元素。随着我国社会经济文化的迅速发展，人们的物质和文化需求节节攀高，中国家具需求呈现出多元化的态势。本书剖析现代家具设计新理念、新风格、新技术、新材料，辅以大量实际工程案例分析，系统揭示了中国家具产业从制造到创造，从单一的主流市场到创造多元化品牌的必然蜕变趋势，使读者体验各类家具设计实践，获得经典创意的启迪，使设计理论与人机工程学、工艺制作技术的专业知识融会贯通，对指导完成家具制作项目工程，全面掌握现代家具创意的基本设计方法具有重要意义。

　　本书体现作者长期积累的家具设计制作经验和教学成果，在同行专家学者的共同编写努力下，仍会存在不完善或疏漏之处，敬请广大读者批评指正。在撰写过程中广泛参考了国内外多种文献和有关专家学者提供的资料文献，在此一并致谢。

天津师范大学美术与设计学院教授　　牟　跃
环 境 艺 术 设 计 硕 士 生 导 师
2012 年春

目　录

家具　创意设计

JIAJU CHUANGYI SHEJI

概　述

随着现代经济和科技的发展，全球家具产业发生了巨大的变化。欧美金融危机加速了各国产业结构的调整和改造，也促成了全球家具产业的重组和竞争，家具制造业由发达国家和地区转向发展中国家。我国家具产业经过 20 年的发展，现在已经成为世界第一家具生产大国和第一家具出口国。

中国家具产业的发展在取得了一定成绩的同时也面临着新的矛盾和问题：由于产业格局的问题，占家具总产值 65％以上的企业分布在沿海地区，内地尤其是西部地区的家具产业还处于相对落后的状态；由于市场需求及生产商过度批量生产等问题，家具产业逐渐出现"泡沫经济"的征候。大量产品"中转"在家具经销商手中，因此大量成品的家具并没有在市场上转换为商品，造成了一定的资源浪费。由于劳动力成本、材料成本、产品运输成本等增加，成品家具价格持续攀升。

家具产业由发达国家向发展中国家的转移为发展中国家家具产业的发展提供了"机遇"。但由于我国家具产业偏向劳动密集型，技术"门槛"相对较低，主要是针对大众的批量生产和部分机械加工的仿古家具，缺乏高精端产品，因此我国家具产业仍是一种低成本行为。另外，国际家具市场高品质家具的需求量和销售量近年来呈持续增长趋势。随着我国经济水平的提升和人民生活水平的提高，国内市场对高品质家具的需求也在持续增加，这就对我国家具产业的营销及设计提出了挑战，既要产业结构合理又要适应市场需求，通过多层次的调整及改善打开更大的家具市场。

家具产业应该加强人才引进与培养，尤其是本土、本企业人才的培训与培养。通过挖掘本土文化特色，充分挖掘本地自然资源或劳动力资源优势，充分弘扬本土特色。在重视常规技术的高效运用与改进的同时，加强高新技术的引进、消化与吸收工作，积极使用新材料、引进新设备和新工艺并且加强企业自主技术研究，广泛开展与其他研究机构的科研合作，为中国家具产业向前发展提供有利的条件。

我国家具产业长时间处于重复建设阶段，家具商家大多缺少创新意识，致使家具行业出现家具产品结构雷同，家具业批量生产居多，家具业整体处于量产和供销阶段。由于中国劳动力价格低廉，中国家具市场在我国家具业发展初期仍然呈迅速扩展的趋势。随着我国"短缺经济"的基本结束，家具产业的原有发展背景已不复存在，我们必须告别依靠高投入、粗放式外延扩张来实现产业增长的生产方式。今后的增长将主要依靠技术进步来实现，首先要更新设计理念，走出有中国特色的家具产业之路，这是一场在较高层次上的竞争。怎样在竞争中取胜呢？主要应考虑四个方面：

第一，在 20 世纪国际家具业的垂直和水平分工中，我国家具生产业在高档产品中，主要是"拿来主义"，作为"照样加工国"（OEM Country），缺乏自主意识。在未来，中国要成为创建有自己品牌的、在国际市场中有一定地位的家具制造大国。从水平分工来看，我国家具的一部分产品能否做到"人无我有"，能否在国际市场中不可替代，例如能否做好适合现代人居住使用的含有中国传统风格元素的现代家具，满足中国及国际市场的需求，是中国家具业能否取胜的关键所在。

第二，中国家具的设计目前处在模仿阶段，任何一个走向工业化的国家，在发展初期都不可避免这个过程。但是，在模仿中也有选择，要真正地领会西方文化的底蕴，掌握西方造型艺术的精髓，做到"形像神似"，从而在市场上能与被模仿的产品一较短长；而不是在外观上硬性模仿，结果是"画虎成狗"、"东施效颦"，最终被淘汰。

第三，中国家具要走出模仿，必须创建中国现代风格。因为任何一种工业产品，没有自己的设计，就不可能有自己的品牌，也就不可能拥有自己的市场份额。在新一轮的国际市场竞争中更是如此，我们必须直面这种严峻的现实。我们必须以中国的国情作为起点赶快行动起来。

第四，中国将成为世界家具制造中心之一，这是国际家具业分工的必然结果，也是我国产业结构调整的必然结果。而我国的家具业要成为现代产业，就必须遵循产业工业化的发展规律。因此要求采取现代化的作业方式，也就是高度专业化的生产，这就需要实现规模经济和专业化分工。这对我国家具业相当离散、基本没有专业分工的现状提出了挑战。

我国家具业如要有更大的发展，就必须选择新的发展道路。要建立起中国现代风格的家具设计体系，要全面地实现工业化进程，在国际家具市场中要有中国品牌家具，这样中国才能成为国际家具业最重要的成员之一。

家具是指室内外生活所应用的大、中型器具（家用电器除外），是使环境产生具体价值的必要设施。家具的发展与时代背景、地域条件、生活观念、美学思潮等综合因素有关。中国或西方的传统家具，在不同的历史条件下都有过辉煌的成就。自从近百年现代设计运动展开以来，由于材料和制作技术的不断进步，生活观念和审美情趣的不断演变，家具设计与家具创意空间获得了空前的发展。

本书关于家具创意设计的概念是指在家具设计过程中，充分考虑到室内环境中所处的使用关系。家具设计只有与环境融为一体才能达到最佳水准。家具的风格、材质、细节不仅决定了家具本身的美感及价值，也影响到所在空间的美感及风格。一个房间，摆上几件家具，基本上就定下了环境主调，然后再按其风格主调辅以适合的陈列品，就能成为和谐有品位的环境空间。反过来，家具又是整体环境设计中的一部分。家具设计应该被放在一定的环境中去评价。不同的环境要求不同的家具造型。家具设计要与建筑设计、室内设计相配合，使家具与所在空间达到形与体的统一，所以家具的体量、尺度也要同整体环境的尺度相适应。这就要求设计者能够掌握环境方面的一些基本概念和尺度，使家具与所处环境更加匹配。

随着生产技术水平的提高和住房条件的逐步改善，人们对于家具的需求，不管是家具的品种式样还是内在质量都在逐年提高。同时人们的审美观念也正在改变，逐步由单纯的满足使用要求，发展成为兼容文化审美内涵、追求个性审美意味、充分体现人的自身价值与室内居住环境的融合与统一。人们这种审美层次的逐渐提高与趋向完美和谐是客观存在的必然趋势。家具产品的提供者应该竭尽全力去思考、探究、设计和创造出人们渴求的家具来。因而，当今家具设计无论从设计概念、设计意义还是设计方法都表现出多层次、多角度，以及与室内环境设计的交叉与融合。这就要求家具设计者在进行建筑室内环境构思设计时，应该对室内空间条件有一个清晰的认识，应预想到未来摆放的效果，这样才能使得家具与室内环境相得益彰、融为一体。无论是建筑室内还是室内陈设都有一个尺度的概念，而这个尺度的源发点就是"人"。人的尺度决定了建筑室内的空间尺度，人的尺度决定了门窗的位置和大小，同样，家具也是如此。一般而言，室内摆放的家具所占面积不宜超过室内总面积的30％～40％（卧室可略高些），以留出适当的室内活动空间。人的爱好取向也决定了空间布置的风格，不同年龄、性别、职业、民族的人对所在空间的要求也有所区别，因而在家具设计与组合搭配时要充分考虑使用者的爱好取向，迎合使用者的品位需求，为使用空间增色。在现实生活中，往往出现室内空间条件与家具种类、数量之间的不协调和矛盾。这些矛盾促使家具设计师在仅有的室内空间中，为了满足人们对家具的使用需求，改变一些固有的观念和思维方法，往往能设计出一些别出心裁、新奇别致的家具来。例如组合家具就诞生于第一次世界大战后的德国。第一次世界大战后的德国建造的公寓套房无法容纳以前摆放在宽大房间中的单体家具，于是包豪斯的工厂专门生产为这些公寓而设计的家具，这种家具就是以胶合板为主要材料，生产有一定模数关系的零部件，并对其加以装配和单元组合。1927年肖斯特在法兰克福设计的组合家具，以少量单元组合成多用途的家具，从而解决小空间对家具品种的要求。设计师对环境概念的研究和理解是新品种家具诞生的催化剂。让我们翻开家具发展的历史看一下，家具产业的发展是许多艺术大师潜心研究家具设计理论和进行设计实践的过程。无论是英国的奇彭代尔、谢拉通、赫普尔怀特，还是德国包豪斯等一批建筑大师，都把探索、研究和设计放在首位。他们既有设计理论，又有设计实践，因而设计出了许多适合那个时代且人们需要的优秀作品。

中国当前家具业仍处于批量生产和高度模仿阶段，要迎合大众日益增长的高层次需求，急需设计者提高设计意识，既要秉承中国传统家具特色，设计中体现中国文化及地方特色，又要符合各个层次、不同年龄段的需求，做到既满足大众对不同家具的功能需求，又满足不同层次人群对家具的品位追求，繁中求简、简中求精，更好地适应家具市场的需求。因而提高设计师整体水平和设计意识是我们当前急需解决的问题，是解决当前家具业症结之根本。

综上所述，在纷繁的家具设计概念面前，把握设计概念的主导性和多元性是至关重要的。在进行家具设计构思时，面临的是功能要求以及与之相联系的一大堆设计资料，在千头万绪中最重要的就是处理最能体现设计意图的某种设计概念，使之居于主导位置。例如，德国的迈克尔·索内创办的家具公司，始终致力于弯曲木家具这一核心，在解决一系列的技术难关之后，获得了成功。设计的概念具有主导性，但又不是单一的，往往是几种概念交织、融合在一起而具有多元性。核心是要具有使用上的功能要求，符合设计的初衷以其自身的特定意义而存在。重复历史上曾经有过的家具造型（复制名作除外），不是现代家具设计的方向。设计应当符合新的生活条件、居住环境和功能要求，以设计出许多不同样式、不同风格和不同档次的家具。

本书的主要特色是指导读者在家具创意设计时，应该在传统家具设计的理论基础上，发挥其创作意识和主观能动性，结合传统设计理念和新的设计思维，设计出新时代背景下适合中国国情又能走入国际市场的新一代有中国特色的现代家具，从而为中国家具业真正走入国际市场奠定理论基石。

第一章

家具创意设计概论

本章学习目标

知识目标

通过本章课程教学，使学生了解家具创意设计的基本理论知识，重点掌握：

- 家具创意设计理念。
- 家具设计的基本流程。
- 现代中国家具的发展趋势。

能力目标

- 能够比较准确地认识现代中国家具现状。
- 能够了解家具创意设计的多元化。
- 能初步掌握家具从创意到成品的基本流程。
- 克服思维定势，进行创意开发训练。
- 结合案例，了解和掌握新思维的原创方法。

第一节　设计概念

一、创意含义与创意开发

创意即有创造性的、与众不同的想法，是一种破旧立新的创造。好的创意能让作品不沦于平庸，生机勃勃，让人耳目一新，难以忘怀。任何创新，思维是根本，没有创新思维，创新设计就无从谈起。

创新思维是发散的、开放的、开阔的、具有爆破性的，犹如核反应时的裂变，不断产生结果。还必须新颖、奇特、不同于已有的思路。俗话说"没有最好，只有更好"，所以"新"就是开创了一个度，一个在现阶段的比较中的最极致、最顶峰的里程碑。

创意开发就是采用一些方法来克服人们的思维定势，促进联想能力，促进直觉和非逻辑思维的形成。创意开发只有经常训练与应用才能取得实效。一般方法如下。

（一）联想法

万事万物之间必然存在某些方面的近似性或联系性，在思考的过程中，尽可能寻找事物之间的联系性，通过联想事物之间的关联性，联想起其他相似的事物，从而获得新的灵感。

联想和分析是创意的思维基础，丰富的联想与科学的分析孕育着伟大的创意。联想可将诸多相距遥远的事物和概念，甚至是看似毫无关联的要素相互连接起来。联想，在某种意义上说就是一种组合创造，是思想的组合与创造。

（1）相似联想。指由一个事物的外部构造、形状或某种状态与另一事物类同、近似而引发的想象延伸和连接。

（2）相反联想。是对与事物有必然联系的相反事物、对应面、对立面的想象延伸和连接。

（3）因果联想。是对事物发展变化结果的经验性判断和想象。

以上三种联想形式可以使我们的思维多向延伸，偶获创造的灵感。

（二）类比法

类比法是由美国创造学家威廉·戈登提出的，后来乔治·普林斯（George Prince）同戈登共同研究，使类比法得到进一步完善，成为理论性和操作性强的创造技法，又被称为综摄法、集思法等。

与联想法相比，这种思维方法就是在混杂的事物表面现象中抓住本质特征去联想，从不相似之处敏锐地找到相似，然后把毫不相关的事物联系在一起。

（三）分解法

分解法就是把整体化为局部，把系统分解为子系统、子子系统，把大问题分解为小问题的构思方法。

（四）移植法

移植法就是将某一领域里成功的原理、方法、发明成果等应用到另一领域的创新方法。现代社会不同领域间的交叉渗透已经成为必然趋势。

（五）组合法

组合法是按一定的原理，将两个或多个因素通过综合而获得创造能力、解决问题的方法。按组合因素与形式分为技术组合、辐射组合、交叉组合、现象组合等。此方法代表了社会发展的一种趋势，也是一种较容易取得成功的创造方法。

二、家具创意设计理念

设计的价值在于创新，没有创新的设计不具有价值，因此没有创新的设计不能算是设计。家具设计与其他类型的设计一样，其真正意义在于创新。如果设计的结果是曾经已有的，这就是复制。复制存在两种情况：一种是明知已有的，但还是决意去复制，这是有意复制；另一种是不知道与自己的设计相同的设计曾经出现，在内心里把事实上的复制当成是自己的创作，这是无意复制。有意复制是一种对自己和别人的欺骗，是掠夺别人的劳动成果；无意复制虽然不能断然说成是"孤陋寡闻"，但至少可以认为是信息不通，知识面不全。不管这种复制是有意的还是无意的，它都是一种重复性的劳动，其意义仅仅是关于设计的传播与推广，其价值便大打折扣。

家具的创新思维方法有以下几种。

（一）形象思维

形象思维是不脱离具体的形象，通过联想、想象、幻想，伴随着强烈的感情、鲜明的态度，运用集中概括的方法而进行的一种思维形式。其认识过程为"感觉和知觉的摄取——有意识地与其他事物结合——重新排列、组合、筛选——产生新的形象"。

形象思维将现实生活中的事物形态进行简单的分析、归纳，与家具设计相融合，重新对这些形态进行构思，并实现家具的基本功能与要求。例如，韩国设计师Bongyoel Yang最近设计的一款"船形沙发"（Boat Sofa）。这款多功能的家具兼具简洁的形态和巧妙的概念。设计师用船的形态与沙发相结合，设计出此款让人耳目一新的家具。这款家具也适用于那些沿海地区的人们，它可以简单地从沙发转化成船只，只要把沙发靠垫拿走，下面就是一个带划桨的船，如图1-1至图1-6所示。

（二）抽象思维

抽象思维又称逻辑思维，是认识过程中用反映事物共同属性和本质属性的概念作为基本思维形式，即在概念的基础上进行判断、推理、反映现实的一种思维形式。其认识过程为"感性个别——理性一般——理性个别"。归纳和演绎、分析和综合、抽象和具体是抽象思维中常用的方法。

在家具设计中，抽象思维用概念来代表现实的事物，而不是像形象思维那样用感知的图画来代表现实的事物。通过运用分析、综合、归纳、演绎的方法来形成概念并设计出相应的产品。比如，韩国设计公司KAMKAM利用黄金分

7

图 1-1　船形沙发（1）

图 1-2　船形沙发（2）

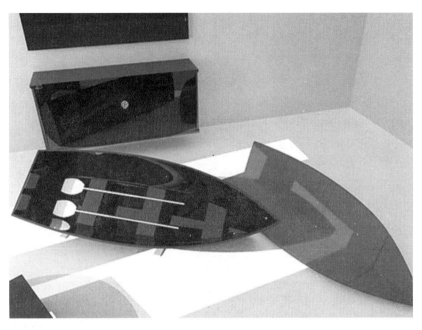

图1-3 船形沙发（3）

图1-4 船形沙发（4）

图 1-5　船形沙发（5）

图 1-6　船形沙发（6）

割比例（黄金分割率＝1.61803399）的优势，设计出的这款组合家具。设计师利用独特的比例设计，一一分配给不同尺寸的家具，减少浪费的同时还为搬运提供了方便。一个衣柜、一个书架、一个储物柜和一个茶几，外加几个小件，这款设计几乎把黄金分割应用到了极致。如图 1-7 至图 1-12 所示。

图 1-7　KAMKAM 利用黄金分割率设计的家具

图 1-8　KAMKAM 利用黄金分割率设计的家具——展开图

图 1-9　KAMKAM 利用黄金分割率设计的家具——局部

图 1-10　KAMKAM 利用黄金分割率设计的家具——分解

图 1-11 KAMKAM 利用黄金分割率设计的家具——细节

图 1-12 KAMKAM 利用黄金分割率设计的家具——茶几

（三）灵感思维

灵感是人们借助于直觉启示，面对突如其来的事物时最快的一种领悟或理解。把潜在意识里储存的关于某事物的信息，在需要解决某个问题时，以适当的形式反映出来。虽然灵感具有不确定性，但是灵感产生的条件是确定的，如自身的智力水平、长期的知识积累、和谐的外界环境、良好的精神状态等。灵感思维的表现过程为"准备—潜伏—顿悟—体现"。虽然灵感稍纵即逝，但有时是设计师创作的重要源泉，记录灵感也应该是设计师必备的习惯。

家具设计的灵感不会凭空产生，是经过视觉、听觉等外界的刺激，在一瞬间产生的或者是第一印象带来的感觉，是一种不加论证的判断力，是思想的一种自由创造。虽然灵感不能最直接地让设计师设计出产品，但是灵感引申出的一系列想法是设计中最宝贵的财富。例如，Mark and Efe 设计的推土机躺椅。这款躺椅的灵感来源于推土机。虽然具有推土机机械感的外形，但仔细观察又没有推土机的细节，躺椅每个关节都可以活动，可以调节到人们认为最舒适的状态。躺椅下面的四个椅脚相当稳固，不管怎么折腾，都听不到普通椅子吱嘎吱嘎的声音，如图 1-13 和图 1-14 所示。

图 1-13　推土机躺椅（1）

图 1-14　推土机躺椅（2）

（四）逆向思维

逆向思维也叫求异思维，是把思维方向逆转，对似乎已经成为定论的事物或观点反过来思考的一种思维方式，从事物的相反面进行深入的探索，寻求解决问题的办法。

例如，我们在创作阶段会想：椅子为什么是四条腿，沙发面一定是平面的吗，家具为什么要大费周章地搬动等。简单地说，就是我们在设计时想"为什么不……"，从而实现"看似不可以或不可能"的创新设计。

德国的 Valentin Loellmann 设计的"N 条小细腿"家具就打破了以往家具的"四条腿"模式，每件家具都有很多条腿。这系列设计很让人回味，古典的设计却又流露出现代的气息，这样的对比当然可以引起人们的兴趣了，虽然每个家具的腿部看来都是细细的，但是很有特色。如图 1-15 至图 1-18 所示。

一个新的设计理念，一种新的设计思想，以及在这种新理念和新思想指引下所出现的设计，总有第一次面世的时候。不论它是以个人的还是以集体的智慧出现，在首次出现时，往往都打上了创造者的烙印。在它问世以后，可能面临着不同的处境和前景，也就是说，它不一定为大众所接受，也不一定能长期生存和得到发展。但这种冲动和智慧能得到社会的广泛尊重，也正是这样，社会才有了进步和发展。

图 1-15 "N 条小细腿"家具（1）

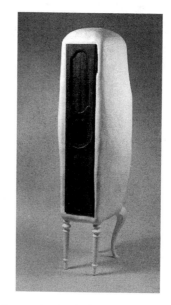

图 1-16 "N 条小细腿"家具（2）

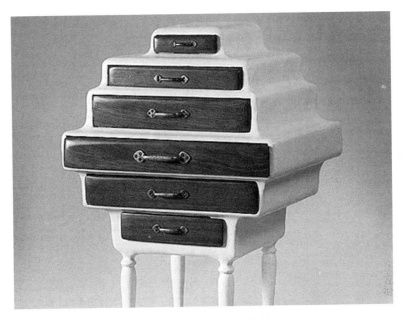

图 1-17   "N条小细腿"家具（3）

图 1-18   "N条小细腿"家具（4）

三、家具设计的多元化

（一）家具环保化

人们越来越意识到生态平衡的重要性，追求环保和低能耗，环保家具应运而生。其主要表现在：一是材料在生命周期全过程中具有很低的环境负荷值，二是材料具有很高的可循环再生率。环保家具不仅要从环保和节约的角度出发，还要注重家具的材料、自然性、舒适性等。

家具设计中的环保材料有以下几种：

（1）天然木材。利用天然木材可以制作原木家具、实木家具。原木家具外表保持木材原有的颜色，不加任何油漆工艺、人工装饰材料覆面和封边，仅用天然蜡加以抛光。这种家具既保持了天然色泽，又充满田园气息。实木家具是指采用木榫框架结构，以自然的木材为主体，配有人造板等材料制作的家具。实木家具的优点是体现自然：自然的纹理、多变的形态（如曲面、雕花），由于用胶较少，因此环保性能比板式家具高。

（2）竹材。竹类植物具有生长快、再生能力强、生产周期短的优势。竹材纹理通直、色泽淡雅、材质坚韧、资源丰富，具有硬阔叶树林的诸多优良特性，是一种可持续发展的材料资源，一直是地板及各种建筑构件的理想材料。由于竹材优良的天然特性，全竹家具在强度、使用功能上毫不逊色于全木家具。竹质家具有独特的性能：一是竹材表面光滑，有很好的质感，并且结实耐用；二是竹质家具在制造过程中，主要利用竹材的韧性进行加工，少量地使用对人体无害的特种胶。纯竹质高档家具不仅是实用的商品，还具有相当的观赏性，让人不仅有回归自然的惬意，还能感受到扑面而来的中国传统文化气息，具有广阔的发展前景。

（3）藤材。藤是一种密实坚固又轻巧坚韧的天然材料，具有不怕挤压，柔顺又有弹性的特点。藤器表面细腻、光洁，并且具有防霉、防蛀和卫生的特点，有不少已成为价值很高的工艺品。藤制品具有吸湿、吸热、防虫蛀，不轻易变形、开裂、脱胶等特性，各种物理性能都相当于或超过中高档硬杂木。用藤材制成的家具无论其产品本身还是其生产过程都符合环保要求，是当之无愧的绿色家具。再经过专业人员的精心设计和加工处理，每件藤制家具产品都彰显出简洁精致、清新典雅的艺术气质，为家居增添田园情趣。

（4）木塑复合材料。木塑复合材料又称"太空木"复合材料，是一种高性能的复合材料。其制造工艺是将热塑性材料如 PVC、PE、PP、ABS 等塑料（可以是废料）与木制纤维如木粉、稻壳、秸秆等混合后，配合定量的加工助剂，制成的各种型材和板材等，简称"木塑"。木塑材料的物理机械性能与硬木相当，可以像木材一样进行加工，木工设备及工具基本上都适用于木塑材料的加工，其易于进行切割、锯、钻、刨、砂光、雕刻等加工，也可以进行贴膜、胶合、喷涂等多种表面处理。制作的各种产品外形美观，并且可再利用，重复使用率高，是木材的理想替代品之一。

（5）麦秸刨花板。麦秸刨花板是以人造板材生产技术为基础，以丰富的麦秸秆等农业剩余物为主要原材料，生产高质量、无污染的环保型麦秸刨花板。由于麦秸刨花板以麦秸秆作为板材生产的主要原料，因此该材料的研制应用能够保护日益稀少和珍贵的天然森林资源，并逐步成为百姓日常生活中所必需的家具、建筑和装修材料。

（6）蜂窝结构材料。蜂窝结构材料是科学家受到蜂巢的启发，制作的一种新型材料，质轻、强度大、刚度高，具有缓冲、隔震、保温、隔热和隔音等功能，被广泛应用于建筑业、车船制造业、家具制造业、包装和运输业，替代木材、泥土砖和高发泡聚苯乙烯，具有较高的经济价值，并能够回收利用；同时可节约大量的森林资源，保护和改善生态环境，是一种符合21世纪发展主题的环保新型材料。

（7）再生材料。再生材料是通过采用废木再生新技术，以被丢弃的破废木质产品为原料生产出一种新的木质材料，为木材可持续利用开辟了新的路径。这种材料的特点是，能锯能刨、坚固耐用、性能稳定、握钉力强、防潮防火，可作为家具、地板、房门等产品的用材。再生材料以废弃的木材为原料，为报废、丢弃的木质家具找到了出路，节约了森林资源，在环保上具有较高的利用价值。

而现代家具材质更显丰富，一般以软体（主要为棉麻、皮革）、板材、金属、玻璃等为主，还有真皮、皮革、不锈钢等混合应用，板木结合外带色彩丰富的布艺，玻璃、实木与金属混合等。

低碳环保的理念还应该体现在空间的实用上，比如，一些纯布艺与金属的家具有多种组合，不仅营造出新鲜感，还使环保与时尚、个性完美地融合起来。使用环保型涂料，如木器漆可以选择环保性更好的水性木器漆，铺木地板用环保胶水等。

（二）家具设计风格的交融

家装风格越来越趋向多元化，在居室中纯粹一种风格存在的可能性越来越小，设计师自由发挥的空间越来越大。把各类比例、颜色的物品很巧妙地放在一起，把本来不搭配的东西都搭配在一起，可能会产生神奇的效果，使原本突兀的变得和谐，这就是混搭。家具设计也在其原有的风格上融合了其他风格，只要它们能协调、和谐就是一种好的创意，也许还会成为一种独特的风格。

如新古典主义家具。新古典主义家具作为一个独立的流派名称，最早出现于18世纪中叶欧洲的建筑装饰设计界，以及与之密切相关的家具设计界。

从法国开始，革新派的设计师们开始对传统的作品进行改良简化，运用了许多新的材料和工艺，但保留了古典主义作品典雅端庄的高贵气质。这一风格很快取得了成功，欧洲各地纷纷效仿。新古典主义自此成为欧洲家居文化流派中特色鲜明的重要一支，至今长盛不衰。

（三）家具设计与科技接合

如今高科技已经越来越多地走进生活，家具设计也与科技接合起来。资讯化、电子化延伸至家居生活当中，使家居生活内容更便利。而随着个人生活意识的提升，家具将更多地担负起工作、休闲、娱乐等重要功能。

比如一些电动按摩沙发，腿脚部是一个隐藏式的设计，平时收起来就是一个普通的沙发，展开就是一个躺椅，用气囊按摩腿脚部位，而脚底则带滚轮挤压按摩，以舒缓紧张和疲劳为其主要功能。

（四）家具的高级定制

热爱自由，追崇多变，讨厌乏味和一成不变的消费者使得家具定制服务也悄然兴起，成为消费者"新宠"。

如果有一款家具可以任意拼装搭配，消费者可以选择自己喜爱的颜色和各种功能部件进行组合，就可以打造属于自己的个性家居空间。如果厌倦了现有的装修格局，只要增加或者减少几个组件，就可以实现功能和风格的双重升级。这样既减轻了购买压力，又减少了旧家具的浪费，做到时尚和实用两不误。定制家具必然会受到人们的热宠。

家具的高级定制以消费者的使用习惯为依据，消费者从材料、外观、结构、环保等方面提出要求。所有产品均采用标准化设计，可以任意拼装搭配，消费者可以自行打造属于自己的个性空间，该种方式提高了家具 DIY 的组合功能，也改变了传统家居单调的色彩。

有些人在家居卖场选家具时，会感觉许多品牌的产品看起来都大同小异，所以想到定制家具。目前，定制家具的种类越来越多，从沙发、衣柜、橱柜到洁具、餐具等产品，都可以根据消费者的喜好、居室空间的尺寸以及家庭整体装饰风格量身定做。不少家具厂商还推出了从家具制作到饰品搭配的整体定制服务，让人们对家居有了前所未有的丰富想象空间。

第二节　家具设计流程

家具设计的基本程序有以下几个方面。

一、项目分析

（1）可行性分析。项目的可行性分析是家具开发调研前必须要做的工作，对家具的社会因素、经济因素、技术因素等方面进行科学预测及分析论证。对潜在的市场因素、要达到的设计目的、项目的前景、实施项目应该具备的条件和能力等都要有明确的说明。

（2）项目的确立。确定产品的门类、品牌形象。

（3）市场调研。通过大量的市场调研信息，确定项目的使用人群、工艺设备、价格限定、场所的功能分析等。

（4）项目风格的确立。确立项目的风格取向、材料限定、工艺限定等。

二、创作与设计过程

（1）创意设计构思。依据项目分析，确定设计概念，绘制多组草图，进行筛选后，绘制粗略的三维效果图。

（2）创意评审。参照人体工程学对初稿进行外观、工艺的可行性评审。

（3）初审方案的深化。根据初稿评审意见，修改设计，制作尺寸详图以及基本工艺结构。

（4）最终评审。推出最后修正建议。

（5）完善设计。完成完整的尺寸图与详图、三维结构详图及效果图、模具制作图纸。

三、生产制作

（1）打样。生产厂商执行打样，设计部门参与评审。

（2）打样评审。双方共同提出修正建议，确定最终方案。

（3）定样。

（4）生产制作。

四、市场反馈

通过市场反馈对产品进行改善或调整。

第三节 现代中国家具设计

一、现代中国家具设计现状

当代中国家具设计最大的问题是缺乏原创设计。当今中国家具设计界讨论最多的问题也是原创设计问题。

"原"指原来，起初；也就是最新出现的，原来没有的。"创"指创造，首创。"原创"既强调事件在时间上的"初始"性质，也重视"创造"的性质。事物总有它最初出现的时候，而出现的过程有偶然和必然之分，偶然出现的是一种无意识的过程，它出现在有意识和无意识的行为之中；必然出现的是一种有意识的过程，可以预料、期望、推理和判断，这些都是有意识的行为。"创造"是具有一定目的的行为，创造的目的就决定了创造的意义和发展。这是广义的"原创"。

"设计"是人类特有的一种实践活动，是伴随着人类造物与创新而派生出来的概念。现代的设计概念是指人类将社会的、经济的、技术的、艺术的、心理的、生理的等各种因素综合纳入工业化批量生产的轨道，对产品进行规划的技术。

"原创设计"从字面理解是指最初出现的、区别于其他的、具有创造性的设计活动。原创设计应该是一种创造性活动，除了具有创新性以外，还应该具有明确的目的，并对设计结果有初步的预见，否则就是一种盲目的行为。

人们对中国家具的印象一直停留在明清家具中。现代中国家具风格还没有形成。我们不要盲目地跟随国外风格，而阻碍了自己风格的形成；也不要一味模仿欧美的家具风格，这严重制约着中国本土特色的家具生产。现在我们最需要原创的中国风格家具。

中国明清家具的优秀设计在中国的传统文化中占有非常大的成分，其影响力是举世公认的。在欧美，无数设计大师都曾以中国家具为创作原型，设计出风靡世界的现代家具。而中国人却对自己的宝贵设计遗产视而不见。为什么我们就不能根据宝贵的遗产设计出中国风格的现代家具呢？

目前中国有大小家具企业数万家，由于多数企业根本没有设计师，缺少设计规则和设计原理，生产的产品完全是抄袭和改装当时的热门产品，从而形成了中国家具界独特的"天下家具一大抄"的现象。同时，目前我国一部分家具企业忽视设计的观念也与我国家具设计的发展关系颇大。企业不需要设计师，只需制图员；不需要创作，只需要抄袭。这是妨碍中国家具设计大师出现的"顽疾"。设计最终的价值在消费市场实现。如果一个设计师花费巨大精力设计的产品进入市场后，不能在生产和消费中获得回报，反而要为证明这是自己的设计而吃官司，那么这无疑对一个设计师的创作具有很大的负面作用。

二、现代中国家具发展的趋势

新中式风格——以工艺为先，"新中式风格"更具多样化和情趣。

以传统手工艺起家的中国家具，在文化复兴中在世界崭露头角。从2009年的国际家居设计展及世界级大师作品中，不难寻找到诸多中式印迹。这些中式设计，无一不包含简化的线条、现代的色彩和传统的文化。他们的基础是中式的传统文化，设计师大胆地使用现代表现手法。他们让长期停留在巴黎、米兰的眼光，重新聚焦中国，让中国五千年历史的家具文化重新回归，中国元素也被越来越多地应用于设计界。

而重新被阐释的新中式风格，是通过对传统文化的认识，将现代元素和传统元素结合在一起，以现代人的审美需求来打造富有传统韵味的事物，让传统艺术在当今社会得到合理的体现。比如原先的画案书案，如今用作了餐桌；原先的条案如今用作了电视柜；典型的药柜用作了存放小件衣物的柜子。这些变化都使传统家具的用途更具多样化和情趣。

未来中国家具将朝着三个方向发展。

（一）精细化

家具行业是传统制造业，对技术要求不高，至今民间的"木匠"在经济落后的地区仍发挥着家具制造的主导作用。许多家具企业源自这样的作坊式家具制造业，随后逐步扩大规模，增添机械设备。正是因为这样的方式，一部分家具企业在管理上非常粗放。粗放式管理方式，导致针对性、操作性和执行力不强，企业组织架构和职能定位不够合理清晰，管理层次较多，管理效率非常低下。

家具企业的竞争体现在细节的竞争上，细微之处彰显工夫。细节影响品质，细节体现品位，细节显示差异，细节决定成败。细节的宝贵价值在于创造性，做到独一无二。现代社会，人们追求越来越高，家具市场讲究精细管理，细节往往能反映企业的专业水准，突出企业内在的素质，提高企业产品品质。

（二）规模化

放眼中国家具行业，我们发现区域集聚日渐明显，同时，我们还发现，中国家具行业仍是以中小企业为主体的行业。行业集中度非常低，目前还没有一家企业市场份额超过1％，大型家具企业在国内屈指可数。这是一把双刃剑。具备行业优势的家具企业可借助这个良好的发展契机，扬帆起航、踏浪前行。然而，那些管理不善、竞争乏力的小企业将面临淘汰厄运。

近来年，一些家具企业厂房、工业园区建设加快。随着生产工艺的进步和先进生产设备的引进，家具行业的大规模生产成为必然。家具企业的产能不断扩大，必将带动产品价格的大幅度下降；随着劳动力成本的增加和家具行业技工的缺失，中小企业留下的利润空间必将越来越小，大量的中小企业将逐渐淡出市场。

（三）品牌化

消费者家具消费理念正在由量的消费转向质的消费，家具消费的品牌时代正在来临。人们对家具的要求不单纯是功能需要，更是装饰美观的需要和彰显个性的需要。随着国内经济发展，人民的生活发生了根本性的变化，人们对家具的需要也必然朝着健康、环保、品牌方向发展。

随着消费者对家具产品认识的深入，更多的消费者将树立家具消费的品牌观念，更加注重家具的审美与艺术性，更加注意家具消费的高品质及服务享受。随着竞争的加剧，许多企业越来越注重包装，由产品竞争演变成品牌竞争。越来越多的企业通过公众媒介大打广告牌。品牌形象差，技术及资金实力有限的企业将在竞争中越发处于劣势地位。

中国家具企业必须强化企业基础管理，重视提高企业的战略竞争能力，完善企业的人力资源开发与管理，打造良好的家具品牌，积极应对即将来临的激烈竞争。

第四节　创意设计实例分析

一、Nook 椅——Henry Sgourakis 设计

如果没有坐在上面，也许你以为它是个装饰品，但它其实是一把椅子。它使用富有弹性的绳子编织成网状的花形结构，坐下去的时候它贴合身体同时提供恰到好处的支撑；配有脚凳，使坐感更加舒适。坐在上面沐浴午后温暖的阳光是再惬意不过的事。

在快节奏的生活当中，我们真是需要适时的放松才行，躺在椅子上发发呆，或者看书、看电视甚至小憩一会或许都是不错的选择。澳大利亚设计师 Henry Sgourakis 设计的这款名为"Nook"的休闲椅，如图 1-19 至图 1-23 所示，采用金属框架，保证足够稳定，同时用尼龙织物线来组成椅面，让人在坐上去之后，整个身体可以被完全包裹。另外 Nook 还提供了一个脚凳，舒适程度也更上一层楼。

图 1-19　Nook 椅（1）

图 1-20　Nook 椅（2）

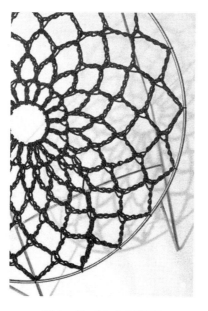

图 1-21　Nook 椅局部

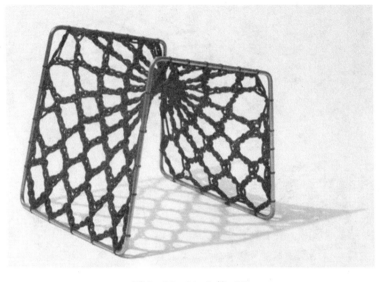

图 1-22　Nook 椅（3）

图 1-23　Nook 椅（4）

二、节约空间的家具组合

这是一套整理后只占四平方米的家具组合，但它展开后可以包含床、桌子、书架、沙发、咖啡桌、餐桌、衣服储物柜，以及可以供十二个人休息的座位，如图 1 - 24 至图 1 - 31 所示。

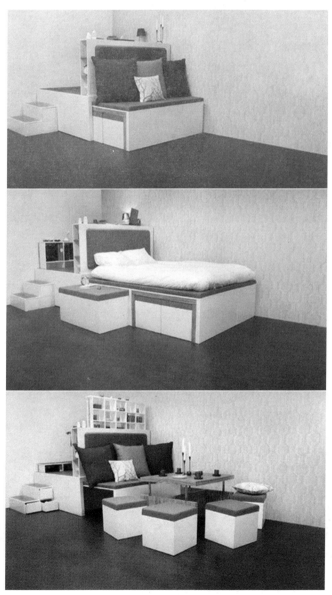

图 1 - 24　家具组合展开示意图

图 1-25　家具组合（1）

图 1-26　家具组合（2）

图1-27 家具组合（3）

图1-28 家具组合（4）

图 1-29　家具组合（5）

图 1-30　家具组合（6）

图 1 - 31　家具组合（7）

三、衣架椅

相信很多人都遇到过这样的情况，在衣帽间或者商场试衣间里换衣服的时候，如果身上衣服穿得多，就会发现脱下的衣服没地方摆，只能乱糟糟地堆在一起。下面介绍的就是一款专门为衣帽间设计的椅子。

这是由设计师 Joey Zeledón 设计的一把衣架椅，如图 1 - 32 至图 1 - 36 所示。说它是椅子其实也不完全准确，实际上它只是一个金属支架。它的妙处就在于你可以把一个个衣架套入到支架内，便可以形成一个座椅。这样既可以起到收纳衣架的作用，也可以让你在换衣服的时候有个摆放衣服或者休息的地方。你也不必担心这把椅子的安全性，这些衣架还是比较牢固的，即使整个人坐上去也可以承受得住。

四、Micado 木棒椅子

Micado 木棒椅子，如图 1 - 37 至图 1 - 40 所示，灵感来源于大家小时候都玩过的一种木棒游戏，由三根简单的木棒支撑起一个圆盘，非常简洁自然，没有任何多余的修饰。设计师 Cecilie Manz 凭此产品获得了 2004 年丹麦设计大奖。他认为产品应该是浑然天成的，不必有太多刻意的痕迹，还应该追求尽可能的简洁。

图 1-32　衣架椅（1）

图 1-33　衣架椅（2）

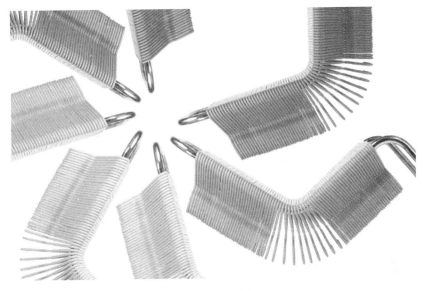

图 1-34　衣架椅侧面

图 1-35　衣架椅局部（1）

图 1-36　衣架椅局部（2）

图 1-37　Micado 木棒椅子（1）

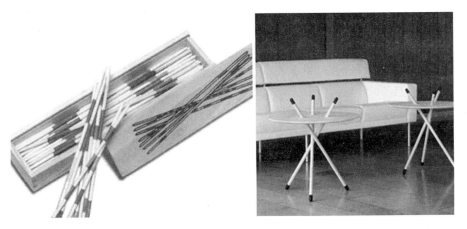

图 1-38 Micado 木棒椅子（2）

图 1-39 Micado 木棒椅子（3）

36

图 1-40　Micado 木棒椅子（4）

五、大椅子套小椅子

罗德岛设计学院学生 Vivian Chiu 设计的概念椅子，如图 1-41 至图 1-45 所示，共有 10 把大大小小的框架椅子，从大到小层层嵌套，大框套小框，用来连接的凹槽结构显然受到了益智类积木玩具的启发，非常巧妙。更加令人称道的是组合后椅子从各个角度呈现的视觉效果都是不一样的，很有建筑的体量感和韵律感，非常漂亮。如从正面和后面观看椅子，视觉上就能感受到椅子的无限延伸。这椅子本身是由逐步变小的十把椅子组合而成，完全可以拆解，拆解后的椅子由大到小合计十把，只是无法就坐，没有椅面，有些椅子也太小。而组合后的椅子完全可以正常使用。

六、Volna 桌子

来自土耳其设计工作室 Nuvist 的作品。雕塑般的流线型 Volna 桌子，放在家里或者工作室中，绝对让人印象深刻（如图 1-46 至图 1-51）。

图 1-41　大椅子套小椅子

图 1-42　大椅子套小椅子正面、后面效果

图 1-43　大椅子套小椅子框架

图 1-44　大椅子套小椅子组合示意图

图1-45 大椅子套小椅子拆分图

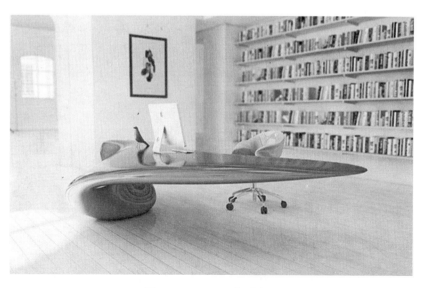

图1-46 Volna桌子（1）

图 1-47　Volna 桌子侧面

图 1-48　Volna 桌子（2）

图 1 - 49　Volna 桌子（3）

图 1 - 50　Volna 桌子局部

七、"丝般柔滑"的家具

自学成才的爱尔兰设计师 joseph walsh，将原木切成片然后用模具形成特定的形状，突破了使用木材的传统方法，设计出了各种令人赞叹的曲线家具，真的可以用德芙的广告词"丝般柔滑"来形容，很唯美。而这样一种新的造型、新的形态，源自一种木材新工艺的使用，如图 1－51 至图 1－55 所示。

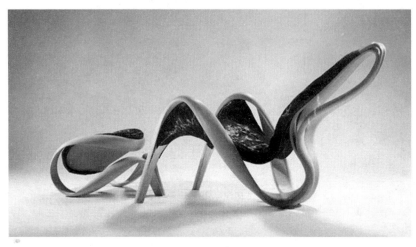

图 1－51 "丝般柔滑"家具组合

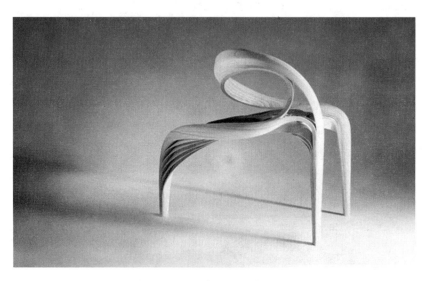

图 1－52 "丝般柔滑"家具（1）

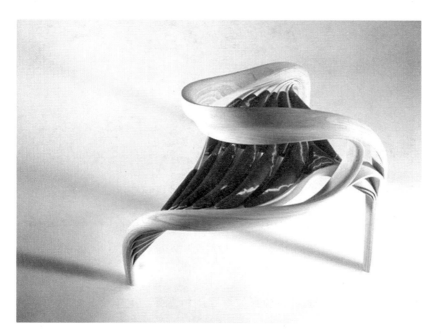

图1-53 "丝般柔滑"家具（2）

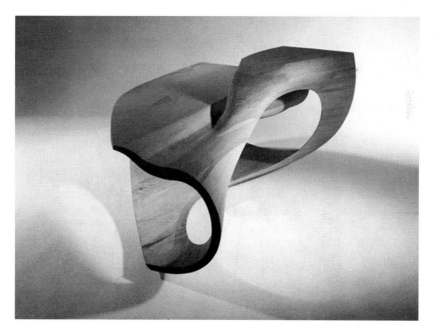

图1-54 "丝般柔滑"家具（3）

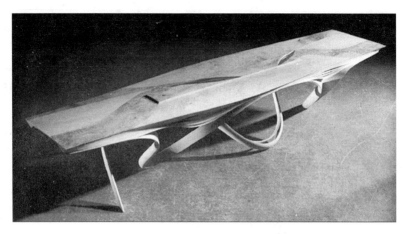

图 1-55 "丝般柔滑"家具（4）

八、兔耳椅

椅背酷似两只兔耳的可爱兔耳椅深受用户喜爱。去年秋天来自 SANAA 设计的限量版 mini 和 minimini 型号一经推出就销售一空，今年 maruni wood industry 继续推出了从大到小形成系列的三款椅子，以及八种丰富的颜色，可选余地更大，如图 1-56 至图 1-58 所示。

图 1-56 兔耳椅（1）

图 1-57 兔耳椅（2）

图 1-58 兔耳椅（3）

九、超形象的儿童分类衣柜

Peter Bristol 所设计的儿童分类衣柜，将各个抽屉分别设计成里面所放衣物的轮廓，想拿什么，一目了然，而且富有童趣，能鼓励小孩子自己动手，如图 1-59 至图 1-60 所示。

图 1-59　儿童分类衣柜（1）

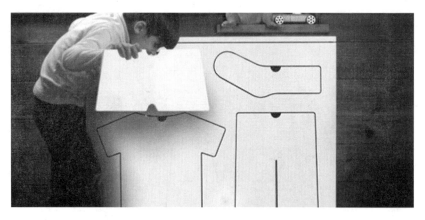

图 1-60　儿童分类衣柜（2）

十、针织坐垫凳

设计师 Claire-Anne O'Brien 设计的针织坐垫凳（Knitted Stools Collection）。针织的纹理非常漂亮，使家具看上去就很温暖，如图 1-61 至图 1-66 所示。

图 1-61　针织坐垫凳（1）

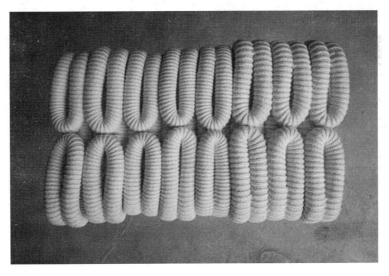

图 1-62　针织坐垫凳顶视图（1）

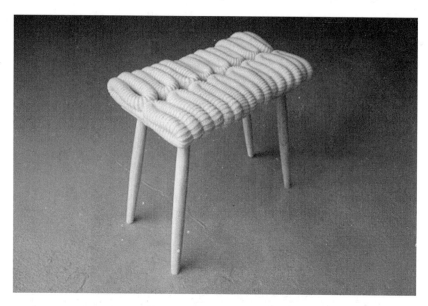

图 1-63　针织坐垫凳（2）

图 1-64　针织坐垫凳顶视图（2）

图 1-65　针织坐垫凳（3）

图 1-66　针织坐垫凳（4）

本章 同步实践练习

复习思考

1. 家具创意设计理念是什么？

2. 家具设计的多元化有哪些表现？

3. 简述现代中国家具的现状。

实践应用题

依据本章第一节创意设计理念，设计两款创意家具。

第二章

家具设计风格与要素

本章 学习目标

知识目标

通过本章课程教学，使学生重点掌握：

- 家具风格分类与要素。
- 中国明清家具风格。
- 国外的家具风格。

能力目标

- 能够比较准确地掌握家具不同风格的分类。
- 能够比较准确地掌握家具不同风格的要素。
- 能掌握中国明清家具及国外常用家具风格特点。

第一节　风格设计要素

一、家具风格分类

（一）中式家具

中国家具具有悠久的历史，从最初"席地而坐"简单陈设，逐渐发展成供人们生活居住所用的"家具"。中国家具逐渐演变发展，形成了特有的端庄气质和丰华文采，其中蕴涵着丰富的内涵。明清家具对世界不少国家的设计风格产生过深远影响，并且开创了中国传统家具灿烂辉煌的成就。

中国式家具向来以雕刻著称。雕刻材料以珍贵木材为主；装饰以雕漆、镶嵌，贴附为多；以审文、回文、满卷为意；梯形、凤爪、猫足、几何形体等为多；直接彩绘、起线、倒楞最为普遍。在中国古典家具发展的历史长河中，曾形成以下几种设计风格。

1. 商周家具（商、周时期）

商周的礼器青铜文化逐渐以实用功能向生活领域扩展。从这些礼器青铜家具上可以看到原始家具的形态，如图 2-1 所示。

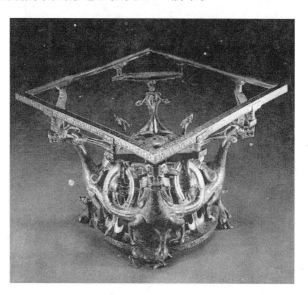

图 2-1　商周青铜家具——错金银龙凤方案

2. 秦汉家具（秦朝至两汉时期）

秦汉家具多为木制，而汉代是中国漆艺的黄金时代，秦汉的漆木家具达到了全盛，如图 2-2 所示。

图 2-2　食案（汉）

3. 宋代家具（隋唐至元代及明朝早期）

宋朝时期，人们彻底摆脱了席地而坐的起居方式，转变为垂足坐。因此矮型家具退出历史舞台，高型家具快速发展。宋代家具外观挺秀刚直、尺度严谨，但过多的保守意识使宋代家具奔放不足，如图2-3所示。

图2-3 宋代家具

4. 明代家具（明代中期至清代早期）

明代家具结构科学合理、造型秀丽，是我国古典家具的优秀代表，如图2-4至图2-5所示。

图2-4 明代家具——紫檀藤心矮圈椅

图 2-5　明代家具——交椅

5. 清代家具（清代中期以后）

　　清朝初期，家具还保留着明代家具的特点，但渐渐出现奢华的风气，造型厚重，装饰华丽，如图 2-6 至图 2-7 所示。清代家具在中国家具史上与明代家具一样，占有重要的位置。

图 2-6　清代家具——紫檀五屏式靠背太师椅

图 2-7　清代家具——狮爪靠背椅

（二）美式家具

美式家具是集合了美国本土风俗文化的家具。美式家具表达了美国人随意、舒适的风格，将家变成释放压力、缓解疲劳的地方。美式家具有极强的个性，表达了美国人追求自由、崇尚创新的精神。早期美国式家具主要由槭树、桦树及少数松树制造。在材质及色调上表现出粗犷、不经加工的质感，而自由组合成各种所需也是美式家具的重点。当时，家具的支腿多以割削法制成，家具组合多使用木钉而非铁钉。流行涂装多为茶褐色或淡蜜槭木色。

最常用于美式传统家具的木材为桃花心木，涂装则多为深红或褐色。美式家具受到墨西哥传统手工的影响，原住民图腾夹杂各式草编物，厚重的原木色，都使美式家具颇受欢迎。受法国、英国及其他国家设计者影响，殖民时期家具渐趋向于华丽。笨重家具逐渐为较轻、较实用型家具所取代。编织布的使用让美式空间更显特色，编织布以较原质地者为多，在色系上活泼鲜明抑或温

55

暖高雅，这些都是美国风的表现，如图 2-8 至图 2-9 所示。

图 2-8　美式家具组合

图 2-9　美式家具

（三）英式家具

早期的英式家具以橡木为主，在 15 世纪哥特式家具时期呈现特别严肃而单纯的风格，喜用有饰条及雕刻之桃花心木，采用框架镶板结构及典型的窗格花饰及折叠亚麻布装饰，美观、优雅而且和谐。英国式家具予人较为沉稳、典雅的感觉。若再加上木质崁花图案，则更具古典的韵味，如图 2-10 所示。

图 2-10　英式家具

英国的装饰家具发展较慢，当巴黎等地的家具风格已从文艺复兴盛期转入晚期时，这种风格才在英国流行起来，直至伊丽莎白女王时代，英国家具艺术才走上新的途径。进入巴洛克时期，英国家具发生了极为显著的变化，一方面是乡间较为粗糙的橡木平刻家具，另一方面单纯胡桃木家具也逐步发展。在 17 世纪末期，致力于本土胡桃木家具的发展，外形上流露出质朴而素雅的感觉。由于英国人对实用性的需求特别重视，因此在实用家具的设计和制作方面也获得了显著成功。

（四）法式家具

法式家具带有浓郁的贵族宫廷色彩，优美的线条富含艺术气息，强调手工雕刻及优雅复古的风格。以桃花心木为主要材质，采用完全手工精致雕刻，以胡桃木与原木为主要材质，保留典雅造型与细腻的线条感，使法式家具带有一份古朴的风味，如图 2-11 至图 2-12 所示。

图 2-11　法式家具（1）

图 2-12　法式家具（2）

（五）意大利式家具

意大利式家具重视人体工学以及理性化，再加之工业设计重镇米兰对家具品质的要求，使得意大利式家具在世界各国均被列入高档货之列。意大利式家具模仿罗马及其他大城市的华丽家具，并将其简化设计及减少若干装饰而成，如图2-13至图2-14所示。意大利家具多使用直线条，常用木材为樱木或胡桃木，多涂装成淡褐色，且对细边车缝及皮格制品极为讲究，最能让人一目了然。

图2-13　意大利式家具（1）

近年来的环保风潮也对意大利家具风格产生了影响。意大利家具过去金属感强烈，具有过分理性的冷酷味。在20世纪末，逐渐转变为有温暖感的家具。

图 2-14　意大利式家具（2）

（六）北欧家具

北欧包含丹麦、芬兰、挪威、瑞典等，即斯堪的纳维亚半岛为主的国家。北欧家具呈现多元及环保理念。北欧家具的主要特色一方面建立在有机造型和轻巧感觉之上，另一方面则根植于优美材质感和纯熟制作技艺。北欧家具具有人性化的生活意识，高品质的家具材料使得其在高品位人士中有着较好的口碑。强调创造温暖色彩的家是北欧家具的重点风格，因此其主要以山毛榉、编织布、斑驳色调的陶制品、草编物为材质。

北欧设计家深刻了解"成熟的造型乃是最完美的形式"，以圆润自然而具有抽象雕塑感觉的有机造型作为家具造型之主要凭依，同时北欧设计家认为"将材料特性发挥到最大限度，是任何完美设计的第一处理"。因此他们运用灵巧的技法，从木材、编藤、纺织物、金属等所有家具材料的特殊质感中求取最完美的结合与表现，给人一种非常自然、丰富、舒适、亲切的视觉与触觉感，如图2-15所示。

图2-15　北欧家具

（七）地中海家具

希腊雅典是人类文明的重要发祥地，有着数不尽的文化艺术宝藏。希腊是不朽的艺术作品——"维纳斯"的故乡，也是古奥林匹克运动会发祥地希腊的设计风格崇尚自然，美丽的希腊雅典式城市环境艺术与装饰给人极其震撼的艺术感受，这些作品既体现了希腊传统的神圣风范，也体现了地中海地区的物质特性和精神气质。希腊虽经由古希腊、罗马帝国（拜占庭）以及奥斯曼帝国等不同时期的变革，遗留了多种民族文化的痕迹，但追求古朴自然一直是希腊这块土地不变的基石。材料的选择、纹饰的描绘以及构成方式的模式，都呈现出对自然的敬仰，造就了希腊地中海风格。地中海风格的家具以极具亲和力的田园风情、柔和的色调和组合搭配上的大气很快被地中海以外的人群所接受，如图2-16所示。

二、家具风格要素

（一）中式家具风格要素

中式家具都讲究左右对称，讲究与室内环境的和谐搭配。中式古典家具取材非常讲究，一般以硬木为主，如鸡翅木、海南黄花梨、紫檀、非洲酸枝、沉香木等珍稀名贵木材。中式家具成本高、价格昂贵，非常具有收藏价值。

图2-16　地中海家具

中式古典家具清雅、含蓄、端庄。其雕工精湛，常运用浮雕、透雕的手法，其中透雕最具代表性。我国常见的雕刻图案主要有以下几种：

（1）植物纹样，如卷草纹、牡丹纹、灵芝纹等。

（2）动物纹样，如龙纹、凤纹、麒麟纹、螭纹等。

（3）几何纹样，如回字纹、拐子纹、绳纹、如意纹等。

（4）吉祥图案或文字，如寿纹、蝠磬纹、麒麟送子等。

中式家具的榫卯结构非常科学，吸收了我国古代建筑木结构的优点，做法灵活，牢实耐用，经过几百年的变迁，流传至今。

（二）美式家具风格要素

美式家居风格很大气，常用做旧工艺。正是这种仿古情结使美式家具看似最没风格，其实也最有风格。

美式家具古朴，富有质感，在原本光鲜的家具表面，常有故意留下的刀刻点凿痕迹，好像用过多年的感觉。其对装修的"底色"要求很少，容易与其他式样的家具混搭。

美式家具比那些亮堂刺眼的家具有历史感，涂抹的油漆也多为暗淡的哑光色。排斥亮面同样源于希望家具显得越旧越好的理念。破坏是美式家具在涂装过程中充分体现仿古效果的一道加工工序，主要仿造风蚀、虫蛀、碰损以及人为破坏等留下的痕迹，可以塑造出历史延续的效果。这种基材破坏主要有如下几种：

（1）虫孔。虫孔是模仿家具长时间存放后木材被虫蚀、虫蛀后留下的痕迹。一般来说虫蛀现象多见于家具的破坏朽烂处以及边缘部位。

（2）锉刀痕。锉刀痕是模仿家具在长期使用或存放过程中被带锯齿形的物体拉划出的痕迹。

（3）铁锤痕。铁锤痕是用铁锤倾斜一定角度敲打后留下的痕迹，主要是模仿家具长期使用过程中被压伤或被其他器物掉落下来砸伤的痕迹。

（4）喷点。点多为黑色、深咖啡色，是一种透明或不透明的着色漆，国外俗称"苍蝇黑点"。主要模仿家具在长期使用过程中苍蝇遗留其上的排泄物或一些有色物溅落在家具上留下的痕迹，是仿古效果较强的一道工序。

美式家具又分为小美式和大美式。

（1）小美式家具的油漆以单色为主，擦色漆处理，轻微做旧，和乡村风格相近，在体积上要小于传统美式，雕花明显少得多，只在主要部位少量点缀。油漆工艺极为复杂，一般多达15道以上，多用直线条。美式家具的粗大块头掩饰不住细节处的精巧，给人典雅的感觉。

美式家具特别强调舒适、气派、实用和多功能。比欧式家具更注重线条美感的布局和搭配。随意、典雅、舒适，传达了单纯、休闲、有组织、多功能的设计思想，让家庭成为释放压力和解放心灵的净土，而温暖别致的壁炉更是不可或缺的装备。美式家具用材多以桃花木、樱桃木、枫木及松木制作，家具表面被精心涂饰和雕刻。

美式家具的最迷人之处还在于造型、纹路、雕饰和色调细腻高贵，耐人寻味，处处透露亘古久远的芬芳。

（2）大美式家具风格粗犷、大气，突出上流社会的奢华生活，一般体积都很大，用于别墅的较多，大美式雕花较多，做旧处理的痕迹明显，表面多以贴木皮薄片再擦色处理，其主要表现中世纪公爵阶层的庄园别墅中的舒适、气派生活。

大美式风格的主要元素是：深色的家具，做旧明显，繁复的曲线和雕刻（而相对于法式家具来说，雕刻又简单得多），再搭配以深色的花藤和绿植花器，墙壁用油画来装饰，布艺色调单一、相对深沉，铁艺灯奢华而独具特色，整体呈现一种复古、怀旧和奢华的感觉。

美国家具以其粗犷、独具特色的造型和齐全的功能深得各国人们的喜爱，成为一支长盛不衰的家具流派。

（三）英式家具风格要素

英式乡村风格大约形成于17世纪末期，主要是人们看腻了奢华风而转向清新的乡野风格的产物。当时最重要的变化就是家具开始使用本土的胡桃木，外形质朴素雅，简洁大方，没有法式家具装饰效果那么突出，但还是免不了在一些细节处做出处理。小碎花图案当然是英式乡村风格永恒的主调。英式的手工沙发非常著名，它一般是布面的，色彩秀丽，线条优美。饰品布艺也秉承了这个特色。柜子、床等家具色调比较纯洁，白色、木本色是经典色彩。

英式家具造型典雅、精致、富有气魄，往往注重在极小的细节上营造出新的配色与对称之美，越是浓烈的花卉图案或条纹越能展现英国味道。英式家具和法式乡村风格的家具一样，柔美是主流。

（四）法式家具风格要素

洛可可风格仍然是法式古典家具里最具代表性的一种风格，以流畅的线条和唯美的造型著称，受到广泛的认可和推崇。法式家具带有浓郁的贵族宫廷色彩，精工细作，富含艺术气息。

洛可可风格带有女性的柔美，最明显的特点就是以芭蕾舞为原型的椅子腿，注重体现曲线特色，给人秀气和高雅之感，以及融于家具当中的韵律美。沙发靠背、扶手、椅腿与画框大都采用细致典雅的雕花。椅背的顶梁都有玲珑起伏的"C"形和"S"形涡卷纹的精巧结合；椅腿采用弧弯式并配有兽爪抓球式的椅脚；椅背顶梁和画框的前梁上都有贝壳纹雕花。繁复的设计和精工细作使得法式家具价格不菲。

法式家具有着许多拥趸，因为从法式家具可以感知到法国悠久的文化历史。法式家具的另一特征是材面上有仿古涂装的小黑刮痕，此类刮痕为模仿古老家具而特意制成。

法国的乡村风格与居室的搭配中，色彩上要选择柔和、中性的色彩，比如米黄、奶白和纯白；窗帘和布艺可以选择细碎花布，可以营造浪漫和华美的生活气息。法式家具大多采用明快的色彩，比较在意营造空间的流畅感和系列化，非常偏爱用曲线，使整体感觉优雅、尊贵而内敛。

（五）意大利式家具风格要素

意大利是文艺复兴运动发源地，亦是文艺复兴式家具产生的温床。在15世纪末意大利家具艺术吸收了古代造型精华，使室内空间显得富丽堂皇、极尽奢华。

意大利是巴洛克风格的发祥地，巴洛克装饰图案最初使用于宫廷中的家具，上面刻饰着神话中的裸体雕像、狮、鹰以及涡纹、蚌形等综合图案，并施以华丽的油漆和贴金处理。意大利家具对细边车缝及皮格制品极为讲究。而近年来的环保风潮，也对意大利家具风格产生影响，过去金属感强烈，让人感觉过分理性和冷酷味十足家具逐步转变为有温暖感的家具。例如，在几何夸张线条上改以圆弧内敛。这种以罗马为中心的宫廷巴洛克风格在17世纪初发展至巅峰状态。17世纪后半叶意大利的北部地区为巴洛克式家具的制作中心。这些家具多以纯熟精良的技巧和良好的结构形式，表现出极为刚强的特性。

（六）北欧家具风格要素

北欧现代家具的设计风格仍然是功能主义的，但不是包豪斯时代的那种严格和教条的形式。吸收各自民族的传统风格已成为北欧家具设计的"传统"。

在欧洲家具现代化进程中，一些激进的现代主义者往往把现代和传统对立起来，认为要现代化就否定传统、抛弃传统，要传统就是复古，绝不走向现代化。设计中依然经常采用几何的形式，但这种几何的形式经常是被柔化的，尖锐的直角常被弧形或"S"形曲线所取代，僵直的平面形式常常被"富于人情味的有机形式"所取代。这种否定传统的激进现代化思想，最终将会把欧洲家具纳入一个统一的模式。这绝不会为人们所接受。北欧家具倾注了各自传统的民族特点和传统风格，让使用者感到亲切而易于接受。

丹麦设计师凯·保杰森曾说，北欧家具的线条带有一丝微笑。北欧家具有保留地继承了欧洲现代主义家具设计的几何质这一形式要素的美感。这是一种大工业时代里的人们崇尚和乐于接受的"机械美学"。但同时，北欧家具在此基础上，又在有意无意间塑造着造型拓扑质的形式美感。北欧家具因为潜心研究人体工程学和本民族及其他民族经典，将良好功能赋予外在形式，因此家具具有更加和谐的比例。多层次富有变化的曲线运用使北欧家具充满优雅的格调。

北欧家具造型多样，不拘泥于固定的程式、线型、状态、组合等。需要强调的是，北欧现代家具造型形式上的优美并不是因为附加装饰，而是合理运用科学原理使产品的功能被直接表达出来。此外，北欧现代家具的造型具有良好的秩序感，而这也是其获得形式美的重要条件之一。根据美国数学家伯克霍夫（G. D. Birkhoff）关于审美度的理论，富有秩序感的事物容易引起审美愉悦，而过于复杂的事物因为需要大的意识努力而不易引起审美愉悦。

（七）地中海家具风格要素

蓝与白是比较典型的地中海风格搭配。地中海家具以古旧的色泽为主，一般多为土黄、棕褐色、土红色；线条简单且浑圆。设计师非常重视对木材的运用，为了延续古老的人文色彩，他们的家具甚至直接保留木材的原色。另一个明显的特征是家具上的擦漆做旧处理，这种处理方式除了让家具流露出古典家具才有的质感，更能展现出家具在地中海的碧海晴天之下被海风吹蚀的自然印迹。

地中海风格明亮、大胆、色彩丰富、简单、富有民族性。地中海风格家具不需要太多的技巧，而是保持简单的意念，取材大自然，大胆而自由的运用色彩、样式。铁艺是地中海风格独特的美学产物，线条优雅舒展的铁艺床、铁艺吊灯、铁艺台灯等具有复古情怀的家具也是地中海风格必备的要素。当地的人们对自然竹藤编织物非常重视，因此竹藤家具在地中海地区占有很大的比重。竹藤家具从不受现代风格的支配，且时间越长就越能体现出古老的风味。

第二节　中国明清家具

一、明式家具

明式家具（14 世纪下半期至 18 世纪初）是我国明代匠师们在总结前人经验和智慧的基础上加以发明创造而取得的辉煌成就。明式家具除了在结构上使用了复杂的榫卯外，造型工艺也充分满足人们的生活需要，因而是一种集艺术性、科学性、实用性于一身的传统艺术品。明式家具在饰品摆放方面比较自由，装饰品可以是绿色植物、布艺、装饰画，以及不同样式的灯具等。这些装饰品可以有多种风格，但空间中的主体装饰物还是中国画、宫灯和紫砂陶等传统饰物。

明式家具大体上可分为两种风格，简练形和浓华形。

简练形所占比重较大。简练形家具以线脚为主，有的腿设计成弧形，俗称"鼓腿膨牙"、"三弯腿"、"仙鹤腿"、"蚂蚁腿"，有的像方瓶，有的像花尊、花鼓，有的像官帽。在各部构件的棱角或表面上，常装饰各种各样的线条。还有一种仿竹藤造型的装饰手法，是把腿的表面做出两个或两个以上的圆形体，好像把几根圆材拼在一起，故称"劈料"，通常以四劈料做法较多，因其形似芝麻的秸秆，又称"芝麻梗"。线脚增添了器身的美感，同时需要把锋利的棱角处理得圆润、柔和，以使家具达到浑然天成的效果。浓华形家具大多有精美繁多的雕刻花纹或用小构件攒接成大面积的棂门和围子等，属装饰性较强的类型。浓华形的特色是雕刻虽多，但做工极精；攒接虽繁，但极富规律性。整体效果气韵生动，给人以豪华浓丽的富贵气象，而没有烦琐的感觉。

（1）侧脚收分明显，在视觉上给人以稳重感。一件长条凳，从正面看，形如飞奔的马，俗称"跑马叉"。从侧面看，两腿也向外叉出，形如人骑马时两腿叉开的样子，俗称"骑马叉"。每条腿无论从正面还是侧面都向外叉出，又统称"四劈八叉"。这种情况在圆材家具中尤为突出。方材家具也都有这些特点，但叉度略小，有的凭眼力可辨，有的则不明显。

（2）轮廓简练舒展。这指明式家具构件简单，每一个构件都功能明确，都有一定意义，没有多余的造作之举。简练舒展的格调，取得了朴素、文雅的艺术效果。

（3）材质优良。多用黄花梨木、紫檀木、铁梨木、鸡翅木、榉木、楠木等珍贵木材制成。这些木材硬度高，木性稳定，可以加工出较小的构件，并做出精密的榫铆，做出的成器都异常坚实牢固。

（4）注重家具的色彩效果。尽可能将材质优良、色彩美丽的原料用在表面或正面明显位置。匠师们不经过深思熟虑绝不轻易下手。因此，优美的造型和木材本身独具的天然纹理和色泽，给明式家具增添了无穷的艺术魅力。

（5）金属饰件式样玲珑，色泽柔和，有很好的装饰和实用功能。这些金属饰件大都有着各自的艺术造型，又是一种独特的装饰手法，不仅对家具起到进一步的加固作用，同时也为家具增色生辉。

明式家具造型简练、挺拔轻巧。由于木材本身的色泽纹理美观，所以明式家具很少施用髹漆，仅仅擦上透明蜡即可以充分显示木材本身的质感和自然美。明代及前清家具的特点通常的说法是"精、巧、雅"三字。因此，判别明代及前清家具，也常以此为标准。制作工艺精细合理，全部以精密巧妙的榫卯结合部件，大平板则以攒边方法嵌入边框槽内，坚实牢固，能适应冷热干湿变化。装饰以素面为主，局部饰以小面积漆雕或透雕，以繁衬简，朴素而不俭，精美而不繁。家具线条雄劲而流畅。家具整体的长、宽和高，整体与局部，局部与局部的权衡比例都非常适宜，如图2-17和图2-18所示。

二、清式家具

清朝的雍正、乾隆时期，家具工艺的发展形成了有别于明代家具的又一个流派：清式家具（自18世纪初至20世纪初）。

清式家具继承了明代家具的传统，家具风格基本上保留了明式家具的特点。在康熙末至雍正、乾隆，乃至嘉庆的一百年间，是清代历史上的兴盛期，也是清代家具发展的鼎盛期。这一时期红木家具的造型、结构、品种、式样等都有不少的创新，生产技术也有所进步，被后人称为具有代表性的"清式风格"家具，如图2-19所示。清式家具在造型上与明式家具截然不同，首先表现在造型厚重上。家具的总体尺寸比明式家具要宽、大，与此相应，局部尺寸、部件用料也随之加大。其主要特征是：造型庄重、雕饰繁琐、体量宽大、

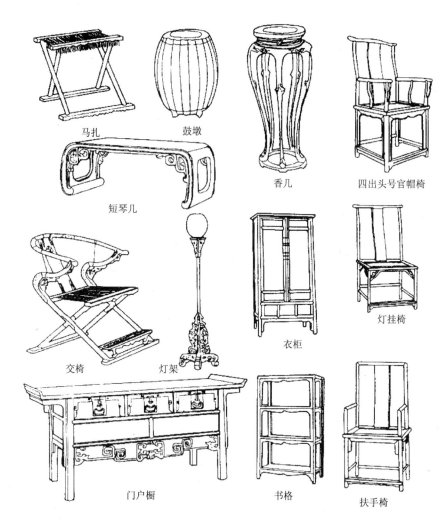

马扎　　　　鼓墩　　　　　　　　四出头号官帽椅

短琴几　　　　　　　香几

交椅　　　灯架　　　衣柜　　　灯挂椅

门户橱　　　　　书格　　　　扶手椅

图 2-17　明式家具（1）

气度宏伟，脱离了宋、明以来家具秀丽实用的淳朴气质，形成了清代家具的风格。装饰图案多用象征吉祥如意、多子多福、延年益寿、官运亨通之类的花草、人物、鸟兽等。

　　清代家具，从字面上讲，应包括制作于清代的各种不同质地、不同风格、不同流派的家具。清代家具，又分清代制作的"明式家具"和"清式家具"。清代制作的"明式家具"是对明代家具制作工艺的延续和发展。而"清式家具"则在造型特点和艺术风格上与明代家具迥然不同。清式家具的总体特点是

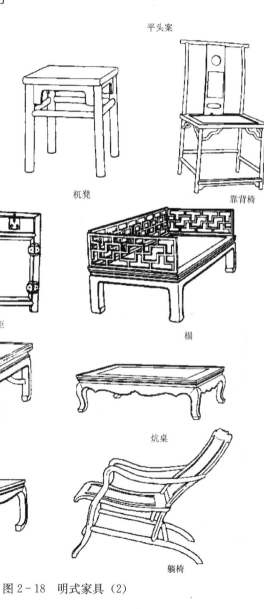

平头案　　　　　　　　　　平头案

翘头案　　　　　机凳　　　　　靠背椅

三屉矮柜　　　　　　　　榻

炕桌　　　　　　　　炕桌

炕桌　　　　　　　　躺椅

图 2-18　明式家具（2）

墩　　　　　　　墩　　　　　　　凳

靠背椅　　　　　　靠背椅　　　　　　太师椅

条桌　　　　　茶几　　靠背椅　　　　躺椅

圈椅　　　　　　冰箱　　　　　　宝座

图 2-19　清式家具

用材厚重，尺寸较明式家具更宽大，相应的局部尺寸也随之加大，而且装饰极为华丽，制作手法汇集了雕刻、镶嵌、彩绘、堆漆、剔犀等多种手工技艺，繁纹重饰。尤其是镶嵌手法在清代家具上得到了极大的发展，几乎遍及所有的地方流派。其中尤以广作与京作成就最为辉煌。所用材质千姿百态，除了常见的纹石、螺钿、象牙之外，还有金银、瓷板、百宝、藤竹、玉石、兽骨、景泰蓝等，所表现的内容大多为吉祥的图案与文字。

具体而言，清代家具有以下几个方面的风格特点：其一，品种丰富、式样多变、追求奇巧。清式家具有很多前代没有的品种和样式，造型更是千变万化。在常见家具基本结构的基础上，工匠们造出了数不清的样式变体。如仅仅座椅一类便有太师椅、扶手椅、圈椅、躺椅、交椅、连椅、凳等不同形态。每一单件家具的设计也十分注重造型的变化，如榆木雕龙格栅，如图2-20所示，共有八面，每一面隔断的顶和底都镂雕龙纹、寿首纹，整个格栅虽色彩单一，但因为变化多端的纹饰又显得繁复华贵。其二，选材讲究，作工细致。在选材上，清式家具推崇色泽深、质地密、纹理细的珍贵硬木，以紫檀木为首选。康熙、雍正、乾隆时代，硬木家具开始受到统治者的青睐，苏州、广州等

图2-20　榆木雕龙格栅

地的很多能工巧匠被招募到京城，专门设计制造硬木家具。与江南文人的审美情趣不同，统治者为彰显皇宗贵族的隆重气派，极力追求宏大繁华、富丽堂皇的效果。这样的指导思想加上充足的人力、财力、物力，令宫廷家具无论是材质、巧工还是厚重的体量，都达到了无以复加的地步。如在结构制作上，为保证外观色泽纹理一致，也为了坚固牢靠，家具的制作往往采取一木连作，而不用小木拼接。其三，注重装饰，手法多样。注重装饰是清式家具最显著的特征。清代工匠们几乎使用了一切可以利用的装饰材料，尝试一切可以采用的装饰手法，在家具与各种工艺品的结合上更是殚精竭虑。清式家具最多采用的装饰手法是雕饰与镶嵌。刀工细致入微，手法上又借鉴了牙雕、竹雕、漆雕等技巧；磨工也很是讲究，将雕件打磨至线棱分明。镶嵌是将不同材料按设计好的图案嵌入器物表面，家具上嵌木、嵌竹、嵌石、嵌瓷、嵌螺钿、嵌珐琅等，花样千变万化。圆石靠背福寿纹扶手椅就是采用了圆石雕饰与镶嵌的手法进行装饰的，如图 2-21 所示。清式家具往往为了追求富丽堂皇而对材料毫不吝啬，各种不同质地的材料做成家具表面的镶嵌，使局部变化丰富多彩，复杂的装饰和纹样与繁缛精细的雕琢相得益彰，产生璀璨夺目的视觉效果。其四，西洋影响，良莠参差。清式家具中，采用西洋装饰图案或手法者占有相当比重，以广式家具更为明显。从明代中叶开始，随着天主教传教士接踵进入中国，西方家具式样很快进入中国并受到欢迎。到清朝兴盛时期，具有欧洲巴洛克式和洛可

图 2-21　圆石靠背福寿纹扶手椅

可式艺术风格的家具在中国受到青睐。清式家具几乎同时吸收了巴洛克式气势磅礴、自由奔放的造型和洛可可式华贵柔媚、精细纤巧的风格。受西洋影响的清式家具大约有两种形式，第一种是完全采用西洋家具的样式和结构；第二种则是部分采用传统家具造型、结构，部分采用西洋家具的式样或纹饰。但是这样仿制的西洋家具并没有把东西方家具制作设计的精髓真正融合，红木西式梳妆台属于后者，圆镜两侧增加了西式装饰，虽然制作精细，但整体风格极不协调，不中不西，失去了清式家具厚重大气的特点，如图 2-22 所示。其五，装饰程式化、蕴涵寓意。清式家具在装饰纹样上面富有寓意，尤其以吉祥图案最为常见。比如在清式家具中常出现鱼、鹿、蝙蝠等图案，"鱼"与"裕"谐音，象征富裕；"鹿"与"禄"谐音，象征厚禄；"蝠"与"福"谐音，象征福气。另外，"麒麟送子"、"松鹤万年"、"鹊上梅梢"等图案也经常被使用。清式家具制作工匠采用象征、寓意、谐音、比拟等方法，创造出许多富有生活气息的吉祥图案。任何一个画面，任何一个图案的组合，都必含有吉祥、富贵的寓意，形成一种图必有意、意必吉祥的装饰趣味。很多富有喜庆意味的图案深受群众喜爱，沿用至今。

图 2-22　红木西式梳妆台

清式家具与明式家具不同，由重神态变为重形式，在追求新奇中走向烦琐，在追求华贵中走向奢靡。其转变有着深刻的社会历史原因。清式家具从开始萌芽到形成独立的体系，大致是从清康熙早年到晚年的四五十年之间，它与满文化的影响有着不可分割的联系。清代康熙、雍正、乾隆三代盛世期，在我国工艺美术史上出现了一味追求富丽华贵、繁缛雕琢的风气。皇家园囿、建筑的大量兴起，达官显贵们在家庭园林的争奇斗艳，使得追求华丽和富贵的世俗作风愈演愈烈。在以皇家为主导，宫廷和民间的相互影响、相互交流中，皇家风格甚是流行。所以清代中叶以后，家具以造型厚重、形体庞大、装饰烦琐而风靡一时。这种家具在形式和格调上与传统家具风格形成强烈对照，我国家具史上将其称为"清式家具"。清式家具对富丽华贵的追求实际上背离了中国传统文化和审美趣味，这应该就是清式家具在美学价值上的地位远低于明式家具的原因。

第三节　国外家具风格

一、哥特式

11~13世纪是欧洲封建统治最兴盛的时期，教会成为统治一切的绝对权威，所以当时的文化也不可避免地为基督教神学所笼罩。13世纪后半期，哥特式建筑风靡欧洲大陆，这种潮流也完全支配了当时家具的发展。

哥特式家具由哥特式建筑风格演变而来。哥特式建筑的特点是以尖拱来代替罗马式圆拱。宽大的窗子上饰有彩色玻璃，广泛地运用簇柱、浮雕等层次丰富的装饰。这种建筑式样符合教会的要求，高耸的尖塔把人们的目光引向虚缈的天空，使人忘却现实而幻想来世。其内部空间常采用精雕细琢的屏风分隔祭坛、歌台与平民教徒之间的空间。在节日里，则悬挂鲜艳的帷幔装饰空间，甚至用绣花绸布将柱子包裹起来进行装饰。家具比例瘦长、高耸，大多以哥特式尖拱的花饰和浅浮雕的形式装饰箱柜等家具的正面。到15世纪后期，典型的哥特式焰形窗饰在家具中以平面刻饰出现，柜顶常装饰着城堡形的檐板以及窗格形的花饰。家具油漆的色彩较深，最典型的是图案用绿色，底板漆红色。哥特式的家具，也常采用亚麻布装饰，朴素庄重，住宅中的其他陈设品也都与建筑风格十分协调，如图2-23至图2-25所示。

法国的巴黎圣母院、德国的科伦大教堂是哥特式建筑的代表。早期的哥特式家具并没有完全摆脱罗马家具的影响，只是在教堂的家具上吸收了一些建筑的特点，最明显的是各种花窗格和簇柱的采用，另外在表面处理上也采用了浮雕的形式。这一时期的哥特式家具主要集中在法国、德国和意大利。15世纪，

图 2-23　哥特式风格（1）

家具的制作技术有了很大的进步，框架木板结构开始代替厚木板的制造方法。这种技术首先由法兰德斯（Flande，以前为欧洲一国家）-创始进而影响了英国和北欧。这时的家具开始抛弃罗马风格的影响，更多地追求在家具上饰以尖拱和高尖塔的形象。现存于巴塞罗那大教堂的马丁国王银座制作于 1410 年左右，它在造型和制作技巧上都堪称哥特式家具的典范。同时我们还可以从上面发现拜占庭和波斯文化的影响，这显然是由于十字军东征带回了东方文化的某些优

图2-24　哥特式风格（2）

秀遗产，使得中世纪的西方文化开始改变自己的面貌。教堂唱诗班的椅子和主教椅往往是建筑的一部分，规模十分宏大，而且还带有建筑的廊檐，其浮雕的装饰技艺也令人惊叹。哥特式家具中发展最快的是立式柜，这时的柜子多半已经采用柜形结构、带有向左右开启的门扇和抽屉，这在罗马式的家具中是罕见的。尤其是铜质的零件和铰链的应用使家具较过去更为轻巧，桌子的桌面因此也出现活动式的。但是柜桌一类家具的线条总的面貌还是平直而呆板的。

　　除风格上的差异之外，工艺上的进步在哥特式家具中也较为显著。早期作品的雕饰比较平缓，因为当时工匠仅用圆凿来剔刻木头。随着经验的积累，雕刻也越来越深，后来还伴随着用石膏灰铸制的立体图案。15～16世纪一些精巧的哥特式家具是在德国制造的，被称做"莱茵式"。

77

图 2-25 哥特式风格家具

二、巴洛克风格

巴洛克风格最大的特征是以浪漫主义作为造型艺术设计的出发点，具有热情奔放及丰丽委婉的艺术造型特色。这一时期的家具风格并不受建筑风格改变的影响，主要是基于家具本身的功能需要及生活需要。尽管文艺复兴时期已经以"人性"作为设计艺术的原则，但真正以生活需要作为设计原则的首属巴洛克风格。巴洛克风格的住宅和家具设计具有真实的生活性及丰富的感情，它既适合于功能的需要，又充满精神祈求。因此巴洛克风格开创了将艺术设计和生活本身需要密切结合之先河。

巴洛克风格发源于意大利，其影响非常大，遍及整个欧洲大陆。巴洛克家具的最大特色是将富于表现力的细部相对集中，简化不必要的部分而重于整体结构，加强整体装饰的和谐效果，使家具在视觉上的华贵和功能上的舒适更趋统一。由于这些改变，巴洛克风格的座椅不再采用圆形镟木与方木相同的椅腿，而代之以整体式的廻栏状柱腿；椅坐、扶手和椅背改用织物或是皮革包衬来替代原来的雕刻装饰。

法国的巴洛克家具以路易十四时代风格为代表。因此，这个时代的家具被称为"路易十四式"。路易十四式家具采用了多种装饰手法，其中以镀金术的成就最为辉煌。法国宫廷中的室内装饰大量采用了这种镀金术，门窗、围板和天花板都充满了镀金的浮雕，家具当然也不例外。图2-26中的镀金雕花长桌便是一件著名的路易十四式家具，其复杂的雕刻也是前无古人的。当时家具的边角都采用包铜处理。一个优秀的家具师必须是木工、镶嵌、包铜三种技术的能手。有一种雕刻精细的折叠凳使人回想起文艺复兴时代的"但丁椅"，但是其座椅垫上盖有华丽的织棉，并且往往还带有流苏，这种凳子在法国宫廷和贵族中颇受欢迎，出现了轻巧秀柔的倾向。这为18世纪法国洛可可风格家具的产生奠定了基础，如图2-27至图2-28所示。

英国的巴洛克家具具有独特的风格，其中较明显的例子是将珍品橱改造成高脚柜。由于受中国和日本东方艺术的影响，这种高脚柜的图案采用了日本式的镀金镶嵌，顶部装饰和台架都是木头雕刻镀银，配以黑漆的底子，表现出英国独有的刚挺华贵的绅士气派。此外有一种在英国极为流行的藤编卧榻也是英国独有的样式。这一时期英国的木质家具均使用胡桃木为材料，因此被称为"胡桃木时期"，如图2-29至图2-30所示。同时在英国出现了最早的金丝绒蒙面的簧椅。这种简洁的式样来自英国乡间平民家具的造型，为后来的英国家具设计师们所模仿。

欧洲其他各国在巴洛克家具的制造上也各有成就。德国由于战争的破坏，在家具发展的进程上比其他国家落后，家具的造型远不及法国和意大利活泼，装饰的手法也比较简单，在箱柜上主要采用几何形的图案和扭曲式的立柱作装饰。17世纪末，由于受中国家具的影响，德国的家具和荷兰、英国一样发生了很大的变化，最显著的例子就是橱柜和桌椅的扭曲形柱腿都被中国式的雕刻弯腿所代替，这使得强烈的巴洛克风格逐渐向着洛可可风格的方向过渡，见图2-31至图2-32。

图 2-26　法国巴洛克式雕花长桌

79

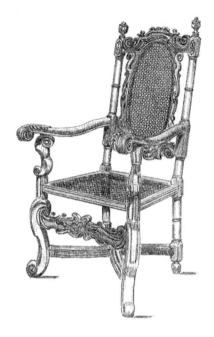

图 2-27　法国巴洛克式家具（1）

图 2-28 法国巴洛克式家具（2）

图 2-29 英国巴洛克式家具（1）

图 2-30　英国巴洛克式家具（2）

家具

创意设计

图 2-31　意大利/西班牙巴洛克式家具

图 2-.32　美国巴洛克式风格家具

西班牙的珍品柜仍保留着自己独有的架台式风格。不同的是材料已由胡桃木和橡木改为黑檀，其柱腿都是用较细的扭曲形立柱组成，柜面用白色象牙镶嵌。与其他国家的巴洛克家具相比要显得轻巧和秀丽。瑞士和斯堪的那维亚国家的家具虽然深受法国和德国巴洛克潮流的冲击，但从某种程度上来说还是保留了一些乡间情调。某些式样的椅子至今仍被瑞士山民使用。

巴洛克家具的最大功绩，就是废除了过去家具中将整个家具分成许多小框块的做法，强调家具本身的整体性和流动性，追求整体的和谐韵律效果，在舒适性方面也有了较大的进步。所以说，虽然巴洛克家具带有浮华和笨重的缺点，但尚可称为是文艺复兴家具的发展。

随着时代的发展及艺术风格的变迁，欧洲大陆的艺术潮流由文艺复兴时期进入巴洛克、洛可可时期。这一时期的家具在整个家具发展史上有着重要的地位。

三、洛可可风格

洛可可风格于18世纪30年代逐渐代替了巴洛克风格。由于这种新兴风格成

长在法王路易十五统治的时代，故又可称为"路易十五风格"，如图 2－33 至图
2－34 所示。洛可可（Rococo）是法文"岩石"（Rocaille）和"蚌壳"
（Coquille）的复合文字，意思是这种风格多以岩石和蚌壳装饰为特征。

洛可可家具的最大成就是在巴洛克家具的基础上进一步将优美的艺术造型
与舒适的功能效果巧妙地结合在一起，形成完美的工艺作品。特别值得一提的
是家具的形式和室内陈设、室内墙壁的装饰风格完全一致，形成一个完整和谐
的室内设计的新概念。其通常以优美的曲线框架，配以织锦缎，并用珍木贴
片，表面镀金装饰，使得这一时期的家具，不仅在视觉上形成极端华贵的整体
感觉，而且在实用和装饰效果的配合上也达到了空前完美的程度。路易十五式
的靠椅和安乐椅就是洛可可风格家具的典型代表。它优美的椅身由线条柔婉而
雕刻精巧的靠背、座位和弯腿共同构成，再配合色彩淡雅秀丽的织锦缎或刺绣
包衬。同样，写字台、梳妆台和抽屉橱等家具也遵循同一设计原则，讲究实用
与装饰效果的完美结合。它们具有完整的艺术造型，不仅采用弯腿以增加纤秀
的感觉，同时将台面板处理成柔和的曲面，并将精雕细刻的花叶饰带和圆润的
线条完全融汇成一体，以取得更加瑰丽、流畅优雅的艺术效果。

洛可可家具的另一特点，是具有表面镀金的铜质装饰。由于铸铜的泥模极
为自由，所以能获得圆润流畅的优美效果。这种技法在 18 世纪中叶达到了巅
峰，成为洛可可家具达到成熟阶段的标志。洛可可时代还出现了一种带垫的长
塌，其特点是塌的两边都带有靠背，有的发展为沙发的造型，上面有用金丝绒
或刺绣绷面的厚垫，这说明路易十五时代的贵族们不但注重家具的豪华形式而
且也注重家具的舒适性。这种舒适性的改进在家具的发展史上无疑具有某种积
极意义。

1714～1837 年英国的家具制作进入了一个黄金时代，人们称这个时期为"乔
治时期"。早期的乔治家具受法国洛可可家具的影响，以模仿巴黎的豪华型家具为
主要风尚。因此英国的乔治早期家具实际上就是洛可可家具，如图 2－35 至
图 2－36 所示。乔治时期最伟大的设计家是齐潘多尔（Thomas Chippendale）。
因齐潘多尔设计的家具主要使用桃花心木为材料，自此以后英国家具由使用胡
桃木转向桃花心木，所以这一时期有"桃花心木时代"之雅称。乔治早期的餐
具柜，结构更加复杂，带有多层抽屉和搁架，其表面常用中国人物形象作装
饰，这正说明英国的贵族们也热衷于从东方文化中汲取营养。餐桌柜的顶部总
带有拱形的山墙形的迎面装饰，显然是保留了文艺复兴时期甚至哥特时期家具
的某些特点。英国著名的洛可可靠椅有"齐潘多尔椅"和"温莎式椅"。齐潘
多尔椅的造型来自中国的红木家具，以球型爪腿和透空的雕花靠背为特点。温
莎式椅的造型来自日本和英国民间家具的结合，采用了较细的木杆结构，使家

图 2 - 33　法国洛可可式家具（1）

家具

创意设计

图 2-34 法国洛可可式家具（2）

图 2-35　英国洛可可式家具（1）

图 2-36　英国洛可可式家具（2）

具的重量大为减轻。同时在造型上比巴洛克式座椅更为轻便和朴素。这大概是英国资产阶级实用性意识的一种表现，也是英国洛可可家具的特点。英国的设计师们极力模仿中国建筑和家具的式样，甚至在床架和壁架上原封不动地搬用中国建筑的飞檐和窗格。这种现象也反映了大英帝国对外扩张的野心。

德国是受法国洛可可风格影响最大、收获最为丰富的国家。德国家具的造型大多是地道的路易十五式风格。但是在雕刻装饰方面还继续着巴洛克时期的形式。家具和室内装饰充满了用雕刻和模铸成形的怪异造型。这正是德国洛可可风格最典型的代表。在德国还发展了一种连体的三座椅，这种式样后来成为19世纪家具中的时髦品种。

巴洛克式和洛可可式家具在历史上被称为浪漫时期的家具。它们虽然是文艺复兴家具的一种继续和发展，但是由于过度的修饰已逐渐陷入虚饰主义的泥坑。到了路易十五时代这种追求形式完美的装饰观念已经登峰造极，不可能再出现什么新鲜花样。尔后，欧洲和美洲的家具风格都只好一再重复历代家具的旧调，进入了一个混乱的过渡时期。洛可可风格发展的后期，其形式特征走向极端，因曲线的过度扭曲及比例失调的纹样装饰而趋向没落。

第四节　现代式家具

一、仿古式家具

古木新造家具是将从百年老屋拆下的梁、柱等上好的木头，以古代工法仿制古代家具而制成。仿古家具是突破古物的原有形貌限制，而转化为另一种功能的家具。仿古家具不但体现了中国人惜物爱物的精神，更包含着"化腐朽为神奇"的创意。其讲求质文并重，将现代思想与古典文化融为一体，其增值性有时更胜于一般古董家具。

二、新古典家具

风靡于17世纪和18世纪的巴洛克和洛可可风格发展到后期，其家具装饰开始走向怪诞的境地。以直线结构为主要特色的新古典风格一反这种倾向，成为一种新潮，如图2-37所示。新古典风格大致可分为"庞贝式"和"帝政式"两个阶段。

"庞贝式"所处的时代是法国路易十六时期，其最大特点是将设计重点放在水平与垂直的结构上，完全抛弃了路易十五式的曲线结构和浮夸装饰，直线造型是其家具造型的自然特色。其强调结构的力量，无论采用圆腿、方腿，其腿的本身都采用逐渐向下收缩的处理手法，同时在腿上加刻槽纹，更显出其支撑的力度。家具的外形倾向于长方形，使家具更适应空间布局及活动使用的实

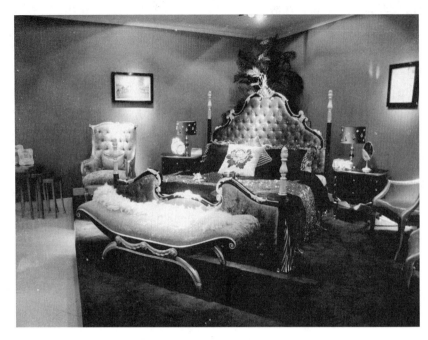

图 2-37　新古典家具

际需要。椅座分为包衬织物软垫和藤编两种，椅背有方形、圆形及椭圆形等主要形式，整体造型显得异常秀美。

　　帝政式家具是指 1804 年拿破仑称帝到 1814 年战败这段时间的家具样式。其实，执政内阁时期的 1798 年时，拜西埃（Charles Percier，1764～1838）与封丹（Pierre Francois Fontain，1762～1853）受命翻修玛尔梅森宫时，就开始出现了真正意义上的帝政式风格形式。帝政式家具集合了罗马家具的雄伟样式和埃及新王国时代的专制形式，集中体现了艺术形式是建立在政治体制之上，并为之服务的特性。站在当代审美的角度上看，帝政式家具表现出冰冷、虚伪、缺乏吸引力与舒适感的风格特点。帝政式家具最为显著的造型特征就是轮廓清晰、棱角鲜明。帝政式家具的棱角分明、尖锐，几乎不做切斜角、圆角等弱化处理或其他装饰，特别是一些橱柜上，运用单独大面积的桃花木，极具霸气，这也正是拿破仑政权所要求的艺术要体现王权的至高无上。帝政式家具的另一显著特征是追求对称原则。在这一点上，帝政式家具比早些其他任何风格样式的家具都要要求严格，无论是造型，还是装饰，都旗帜鲜明地反映了这一点。即使在表面装饰上，有些装饰件运用得并不对称，但这些装饰件的本身肯定是对称的。

从法国开始，革新派的设计师们开始对传统的作品进行改良简化，运用了许多新的材料和工艺，但保留了古典主义作品典雅端庄的高贵气质。新古典主义很快取得了成功，欧洲各地纷纷效仿。作为一个独立的流派名称，新古典主义最早出现于18世纪中叶欧洲的家具装饰设计界，以及与之密切相关的家具设计界。新古典主义至此成为欧洲家具文化流派中特色鲜明的重要一支，至今长盛不衰。

三、后现代家具

后现代风格的室内设计，突破现代派简明单一的局限，主张兼容并蓄，凡能满足居住生活所需的设计都加以采用，如图2-38所示。其空间组合十分复杂，通过设置隔墙、屏风、柱子或壁炉的方法来制造空间的层次感。利用细柱、隔墙使未规划、界限含糊的空间形成空间层次的深远感；常将墙壁处理成各种角度的波浪状。

图2-38 后现代风格

四、现代式家具

现代式家具变化的速度很快，常采用防火又耐磨的进口板材在国内加工。颜色可随自己喜好和流行趋势自主选择或定做，比如前两年比较流行胡桃色，而这两年流行清爽明朗的水彩色。现代式家具能随意组合，实用美观，价格比进口家具便宜，是一种比较时尚的家具。其款式比较现代、简约，更适合现代人的口味，特别是年轻人，如图2-39所示。

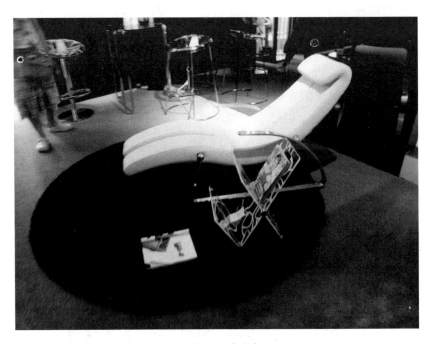

图2-39　现代式家具

本章 同步实践练习

复习思考

1. 家具风格大致分为几类？其要素分别是什么？

2. 中国明清家具的特点分别是什么？

3. 比较哥特式、巴洛克、洛可可三种风格的不同。

第三章

制作工艺与人性化

知识目标

通过本章课程教学，使学生重点掌握：

- 常用家具的各种结构。
- 高档家具的主要材料和附件。
- 中国家具的人体工程学。

能力目标

- 掌握常用家具的制作工艺。
- 能够掌握人体生理机能与家具尺寸的关系。

本章学习目标

第一节 家 具 结 构

一、木框结构

木框是框式家具的典型部件之一，最简单的木框是用纵、横各两根方材的榫接合而成。纵向方材称为"立边"，木框两端的横向方材称"帽头"。如在框架中间再加方材，横向的称为"横档"（横撑），纵向的称"立档"（立撑）。有的木框内装有嵌板，称为木框嵌板结构，而有的木框中间无嵌板，是中空的，如图 3-1 所示。

斜角接合是将两根接合的方材端部榫肩切成45°的斜面或单肩切成45°的斜面后再进行接合的。它可以避免直角接合的缺点，使不易装饰的方材端部不致

家具
创意设计

96

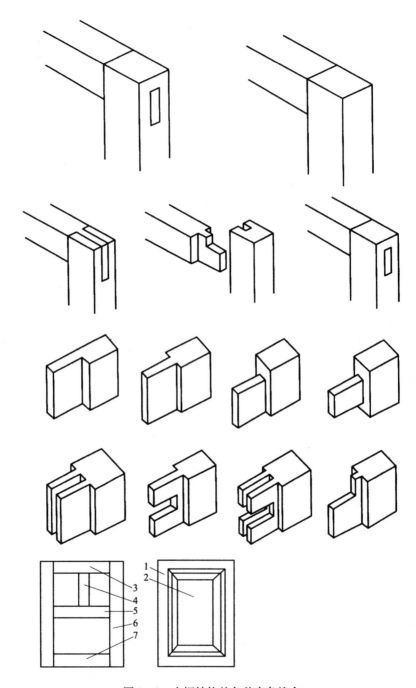

图 3-1　木框结构的各种直角接合

外露，其结合方法如图 3-2 所示。与直角接合相比较，斜角接合的强度较小，加工较复杂，但能提高装饰质量。

图 3-2　木框结构的各种斜角接合

中档接合包括各类框架的横档、立档、椅子和桌子的牵角档等。其常用的接合方法如图3-3所示。

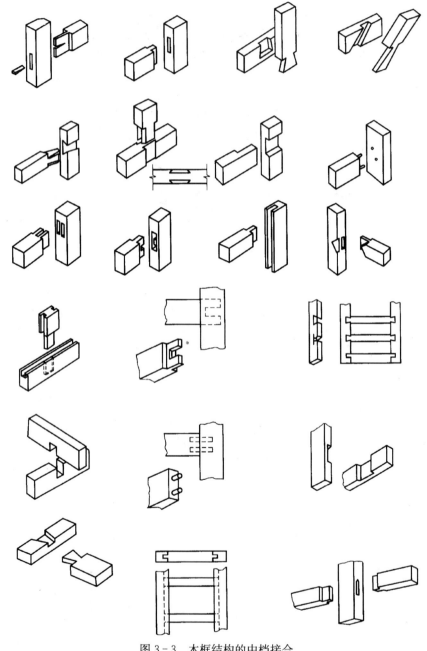

图3-3　木框结构的中档接合

家具｜创意设计

二、嵌板结构

在安装木框的同时或在安装木框之后，将人造板或拼板嵌入木框中间，起封闭与隔离作用的这种结构称为木框嵌板结构。嵌板的装配方式有裁口法和槽榫法两类，如图 3-4 所示。

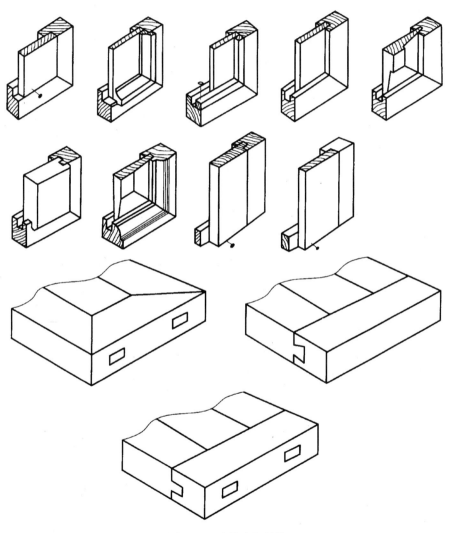

图 3-4 木框嵌板结构

三、拼板结构

拼板是采用特定的结构形式将窄的实木板拼合成所需要的宽度的板材。日常所使用的办公家具的面板、椅座板等大都采用木板胶拼。为防止拼板的变形，采用拼板结构应注意单块板的宽度及木板的树种和含水率等因素。拼板的结合方式很多，名称也不一，常见的拼板结构有以下几种，如图3-5所示。

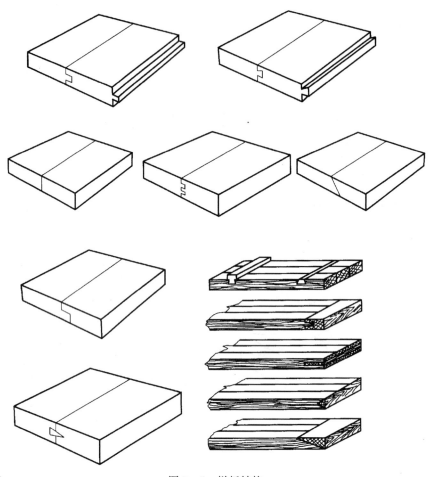

图3-5　拼板结构

四、箱框结构

箱框是有四块以上的板材构成的框体，其常用的接合方法有直角多榫、燕尾多榫、直角槽榫、插入榫、钉接合和金属连接件等接合形式，如图3-6所示。

五、脚架结构

脚架在柜类家具中，是承载最大的部件，是柜类家具设计中重要的组成部分。脚架常见的主要有亮脚结构、包脚结构和塞脚结构。从材料上来区分有木制、金属制和不同材料的组合制。如图3-7所示。

图 3-6　箱框结构

家具

创意设计

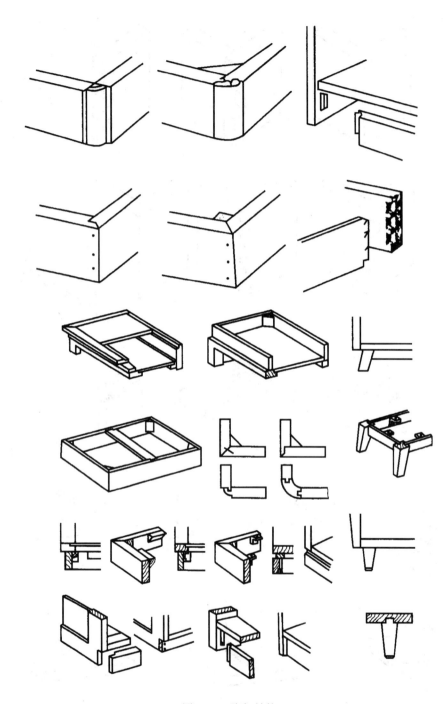

图 3－7　脚架结构

六、桌架结构

（一）悬伸腿结构

即脚不与其他与面板件相连，而直接在面板下面，虽然没有望板和横档，但仍可依靠腿上部安装的金属盘连接起来保证其完整性，如图 3-8 所示。然而要特别注意接点的质量。也可通过纵向安装木条连接桌腿与面板，由于没有其他构件支撑，所以桌子的强度和刚度只取决于桌腿本身以及木条的强度。

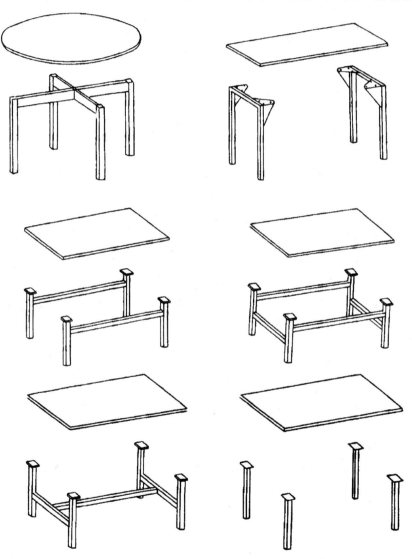

图 3-8　桌架结构（1）

第三章　制作工艺与人性化

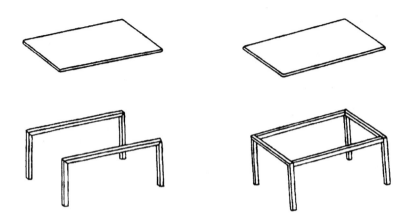

图 3 - 9　桌架结构（2）

（二）带望板的四腿桌

这类桌子可带两个侧望板，带四周望板或带交叉望板。带望板的桌子与悬伸腿结构的不同之处在于它的每条腿连接后再与面板底部结合，而不是单独与面板底部结合。假设望板与腿连接牢固，那么望板能保证前后的强度和刚度，但却不能保证侧向的强度和硬度。因此需要加一些支撑物，这种结构也可安装金属片以增加强度，特别是钢管腿，可在金属片和望板上焊接小支撑物来增加腿的牢固性，如图 3 - 9 所示。其结构强度很大程度上取决于金属片的厚度以及它们与面板底部的连接方式。四周均带望板时如果与桌腿本身连接牢固，那么就可成为一个可独立支撑面板的整体，可提供前后左右的阻力，承载能力也就较大。

带交叉望板的桌腿，其望板呈"X"形，而不是传统的四边形。能承受最大作用力的部位是桌子中心，如果试图绕着一个假想的垂直轴扭转桌子，所有的桌腿将呈现最弱的状态，这类桌子仅能承受轻载。由于望板的中心经常开槽口而获得交叉结合，这将进一步降低桌子的强度。

七、连接结构

家具的连接结构多种多样，有角连接结构、传统连接结构等，如图 3 - 10 至图 3 - 13。

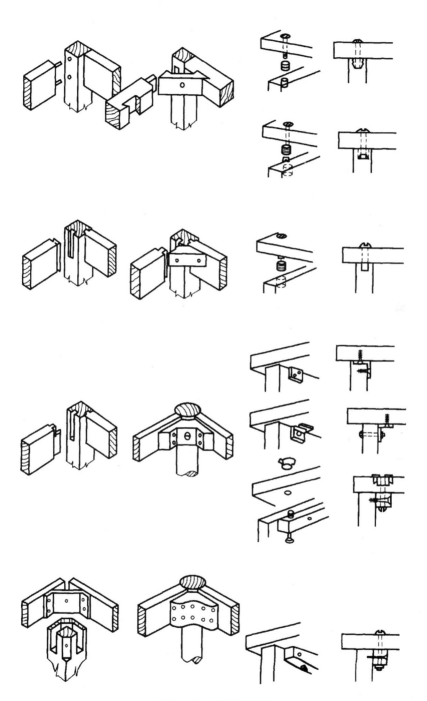

图 3-10　角连接结构

106

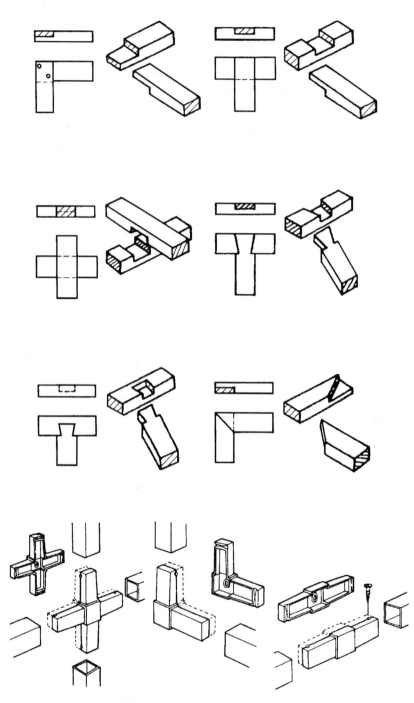

图 3-11　十字形与角的连接结构

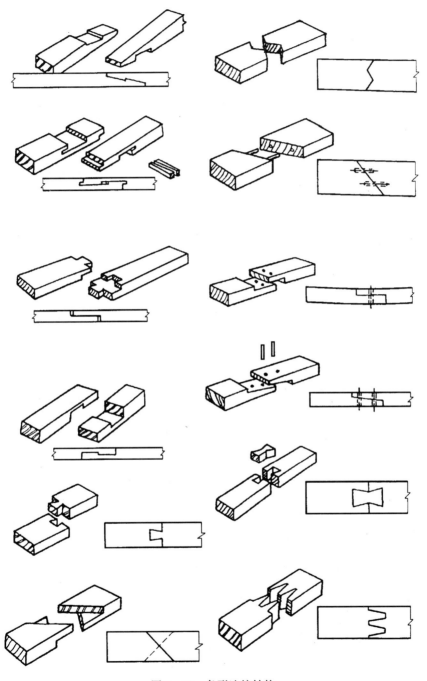

图 3-12　条形连接结构

家具

创意设计

108

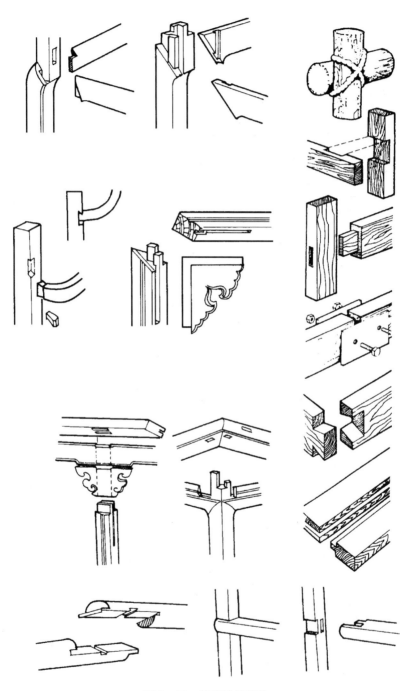

图 3-13   传统连接结构

第二节　家具材料

家具的材料分主要材料和附件两类。主要材料有木材、金属、竹、藤、塑料等，如表3-1所示。附件主要指胶黏剂、五金配件、玻璃、皮革、纺织品等，如表3-2所示。家具材料是构成家具的物质基础，家具的主要材种如表3-3所示。

表3-1　家具的主要材料

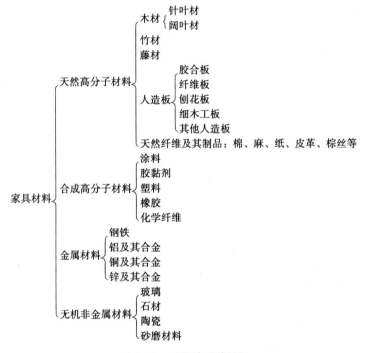

表3-2　家具的附件材料

表3-3 家具主要材种

类别		树种	产地	容重(kg/m³)	材色		性能
					边材	心材	
软材	软松类	红松	东北	440	黄褐或黄白	红褐	纹理直、结构细、质轻软、有松香气、耐磨、易加工
		白松	东北、内蒙古	384	浅黄褐	浅黄褐	纹理直、结构细、质轻软
		杉木	东南、西南	376	浅黄色褐或浅灰	浅灰红褐或浅红褐	纹理直、结构细、质轻软、耐腐朽、收缩小
		鱼鳞云杉	华南、东南、东北伊春	551	浅黄褐或带红、或黄白		纹理直、结构细、质轻软、有弹性
		臭冷杉	东北伊春	390	浅黄白	浅黄褐	纹理直、结构细、质轻软
	软杂木	椴木	东北、华北	421	黄白	浅红褐至红褐	纹理直、结构细密、质轻软而柔
		杨木	东北、华北	430			纹理直、结构细、质轻软
		柳木	东北、华北	450	淡褐略带微红		纹理细、结构细、不甚均匀
		樟子松	东北、内蒙古	422	黄白或浅黄褐	浅红褐	同红松、收缩小
硬材	硬杂木	水曲柳	东北长白山	686	黄褐	灰褐	纹理直、结构略细、纹理美、质略重、纹理美
		椰榆	各地	898	淡黄		纹理粗、呈旋形、质坚硬、纹理美
		柞木	东南、东北	576	黄褐或红褐带紫		纹理斜行、结构粗、光泽美、抗压力强、耐朽
		楸木	华北、东北、西南	520	深灰褐略带黄		纹理通直、结构中、质略软
		黄波萝	东北长白山	449	灰白	灰黄	纹理通直、美观、结构略重、有光泽
		色木	东北长白山	709		浅红褐	纹理通直、质密略重、有花纹
		桦木	东北、华北	653		黄白微红	纹理通直、或成斜行、有樟脑香气
		樟木	江南、湖北	529	黄褐略带浅绿	红褐	纹理倾斜或斜行、有樟脑香气
		楠木	四川、湖北	610		紫褐	纹理通直呈波浪形、质细质密、有光泽、坚韧、不翘裂
	硬杂木	核桃木	华东、西南、中南	560	浅红褐	浅菊黄微红	纹理通直、结构细、有光泽、坚韧、有香气
		柏木	华北、华东	588	黄褐带红	淡菊黄或浅红白	纹理直、结构致密、质重坚硬、有弹性
		槐木	华南	702			纹理通直、结构粗、质坚硬、耐磨
		麻栎	东北、东南、华南	956	暗褐	红褐	纹理直、质坚硬而重、有光泽
		色木椴	西南、东南、东北	709	浅粉红褐		纹理斜或通直、结构细而均匀、质略重
		荷木	华南	611		浅红褐	纹理细

注：容重是在木材含水率为15%时的。

一、木材

木材是家具应用最广泛的传统材料，至今仍占最主要的地位。由于木材的质地精良坚硬、质轻而强度高，加工方便，加之纹理细腻而色泽丰富，热阻、电阻大，隔音效果较好，绝非其他材料可以比拟。尤其是家具的结构部分必须采用硬度大的木材，以防止榫头破裂。多数木材家具用杉木、梨木、胡桃木、橡木、枫木、桦木等制作，柚木和红木、黑檀木等更是稀有的名贵家具材料。木材易吸湿、变形，所以木材必须彻底干燥，将膨胀、收缩和变形等缺点减至最小程度。家具木材的含水利用率是指木材含水量的百分比。我国各城市年平均木材平衡含水率不同，如北京为12.0%，上海为16.0%，广州为15.1%。如含水率过高会导致门及其他部件变形，从而引起结构松动，开启使用困难，或使家具表面漆膜泛白，影响使用寿命和美观。

木材的规格有板材、方材、胶合板、刨花板、纤维板、曲木和薄木贴面等。

板材：薄板厚度在18mm以下，中板厚度在19mm～35mm之间，厚板厚度在36mm以上。

方材：一般将宽不足厚三倍的木材称为方材。有小方、中方、大方之分。

胶合板：由三层以上、层数为奇数的、每层厚度为1mm左右的薄木板胶合加压制成，各单板之间纤维方向互相垂直。胶合板幅面大而且平整，尺寸准确而厚度均匀，适合做家具的各种门、顶、底面板等大面积板状部件。胶合板详细规格如表3-4所示。

表3-4　胶合板的规格

宽度（mm）	长度（mm）					
915	915	—	—	1830	2135	—
1220	—	1220	—	1830	2135	2440
1525	—	—	1525	1830	—	—

刨花板：利用木材加工过程中的边角料切削成碎片后加胶热压制成。刨花板常运用于桌面、床板和各种板式柜类家具。各类刨花板的厚度有13mm、16mm、19mm、22mm等。刨花板规格如表3-5所示，结构示意图如图3-14所示。

表3-5　刨花板的规格

宽度（mm）	长度（mm）				
915	1220	1525	1830	2135	
1220	1220	1525	1830	2135	2440
1000	2000	—	—	—	

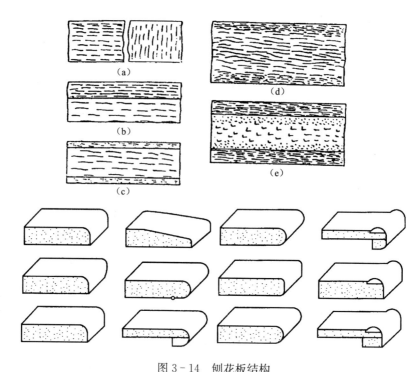

图 3-14 刨花板结构

（a）单层结构；（b）二层结构；（c）三层结构；（d）单层；（e）三层渐变结构

纤维板：利用木材工过程中的边角料，经过粉碎、制浆、成型、干燥和热压制成的一种人造板。纤维板分为硬质、半硬质、软质三种，在家具生产中多用硬质纤维板。它具有结构均匀、质地坚硬、幅面大等特点。纤维板规格如表 3-6 所示。

表 3-6　纤维板的规格

厚度（mm）	幅面尺寸（宽×长）mm	
3	610×1220	915×1830
4	915×2135	1220×1830
5	1220×2440	1220×5490

曲木：弯曲的木材。用于家具制造的曲木，有通过锯制加工成弯曲状的，有用各种特殊的弯曲方法制成的。

薄木贴面：为了提高贵重木材的利用率，用厚度为 1mm～3mm 的薄木片来做家具的外表饰、人造板表面层贴面等。

二、金属材料

应用于家具的主要金属材料有以下三种。

（一）钢材

钢材是应用面最广的金属材料，在家具中应用较多的是普通碳素钢中的 A 型钢和 B 型钢，主要有板材、管材及型材等。

（1）板材。用于家具制造的干钢板一般是厚度在 0.2mm～4mm 的热轧、冷轧薄钢板。还有一种用塑料与薄板复合而成的复合板，是一种新材料，具有防腐、防锈、不需涂饰等优点。

（2）管材。用于家具生产的管材主要是焊接管，其剖面形状可分为圆管、方管和异形管（见表 3-7）。

表 3-7　几种常用的管材及规格

名称	圆管	正方管	长方管	三角管	肩线管
剖面形状					
常用规格 (mm)	$\phi13$；$\phi16$ $\phi19$；$\phi25$ $\phi22$；$\phi32$ $\phi38$	22×22 25×25	23×12	34×34×52	$\phi22$ $\phi25$

（3）型材。家具大多用简单剖面的型材。主要有圆钢、扁钢、角钢等。

（二）铝合金

铝合金有重量轻、强度高、延展性好、耐腐蚀性强等特点。应用于家具主要是型材、管材、板材。尤其是型材发展很快，应用很广，其规格种类也很丰富。

铸铝合金，一般用来制作家具中的各种配件、连接件等。

（三）铸铁

铸铁在家具中主要应用于各种底座、支架等。

三、竹子

竹材是制作家具的传统材料之一，它的特性是具有坚硬的质地，抗拉、抗压的力学强度均优于木材，有韧性和弹性，不易折断。竹材通过高温和外力的作用，能够做成各种弧线形，可丰富家具的基本造型。

一般家具使用竹材做骨架和编织构件。竹材有易被虫蛀、易腐杇、易吸水、易开裂等缺陷，适合湿度较大而偏暖的地区使用。由于北方气候干燥，竹家具易开裂而散架，因此不适宜使用竹家具。

竹材表面可进行油漆、刮青、喷漆等处理。

四、藤材

藤材在家具生产中，用来缠绕骨架和编织藤面制成藤家具，也可编织成座

图 3-15 藤材家具

面、靠背和床面等，如图 3-15 所示。藤饱含水分时，极为柔软，干燥后又特别坚韧，所以可缠扎牢固。编织座面、靠背和床面，坐卧舒适，经久耐用。藤的原料主要为广藤、土藤和野生藤等。近年还有各种塑料藤条在藤家具中广为应用。

五、塑料

塑料的种类很多，下面主要介绍以合成树脂为主的"工程塑料"，其资源丰富，质轻而强度高，加工工艺简单。

在家具中应用较多的是以下几种塑料：

聚氯乙烯（PVC）；

苯乙烯－丁二烯－丙烯（腈）共聚物（ABS）；

聚乙烯（低密度）；

改性有机玻璃（372）；

聚酰胺（尼龙）；

聚碳酸酯；

聚丙烯；

玻璃纤维层压塑料（玻璃钢）。

六、塑胶

塑胶是一种现代人工材料，采用塑胶制成的成型家具、吹气家具等为家具设计开创了新的时代。适于制作家具的塑胶主要包括：强化玻璃纤维塑胶、树脂塑胶、合成木材、聚乙烯和塑胶海绵等。强化玻璃纤维塑胶不仅质轻、透光、强韧、并且稍有弹性，可以自由成型和随意着色，是铸模家具的理想材料。塑胶成型家具的最大特点是可以将所有细部组成完整的整体。以椅子为例，无论椅座、椅背和扶手等皆可连成一体而无接合痕迹。这种成型的塑胶属壳在感受上比金属温暖和轻巧。还可以直接采用其制作外形，也可在表面作加工，或以海绵和纺织物作包垫处理。ABS 树脂，俗称合成木材，不仅可以制成与天然木材相同的纹理与色彩，而且具有质轻、强韧、防水、防燃、耐热、不胀、不缩、不变形等特点，足以加强家具的结构和功能。塑胶具有透明、多彩和防裂等优点。塑胶充皮和充布具有防水、柔软、有弹性等功能，可以取代玻璃、皮革和纺织品等材料。但是多数塑胶家具都有不耐碰击和摩擦以及容易褪色等缺点，感觉上亦较为轻薄单调。

七、附属材料

指家具制造中使用的各种辅助材料,如胶黏剂、五金配件、玻璃、皮革、纺织品等,如图 3-16 所示。在制造家具中,对接和平拼等工艺都需要用胶黏

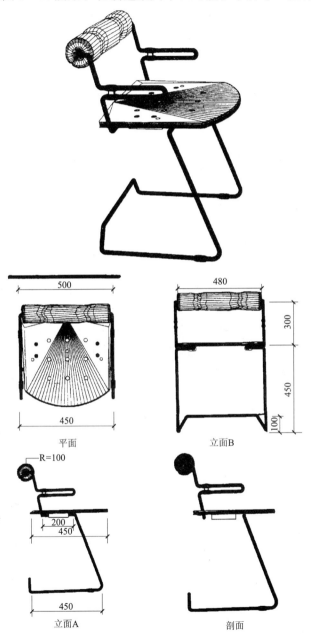

图 3-16　用铝合金、塑料、塑胶等材料设计的矮背椅(单位:mm)

合。家具用胶的种类可分蛋白胶合剂和合成树脂两大类。目前后一种应用日益广泛。五金配件是家具不可缺少的辅助材料。现代家具中人造板应用日益广泛，就需要更多品种的五金件来安装。五金件主要有合页（铰链）、连接件、紧固件、拉手等。玻璃是家具生产中不可缺少的材料，用于各种台板、橱门等。一般玻璃厚度有 2mm、3mm、5mm、6mm 等。其最大的长宽尺寸是2000mm×1800mm。

第三节　人体工程学

在家具设计中对人体机能的研究是促使家具设计更具科学性的重要手段。根据人体活动及相关的姿态，人们设计生产了相应的家具，我们将家具划分成三类：

第一类为与人体直接接触，起着支承人体活动的坐卧类家具，如椅、凳、沙发、床榻等。

第二类为与人体活动有着密切关系，起着辅助人体活动，承托物体的凭倚类家具，如桌台、几、案、柜台等。

第三类为与人体产生间接关系，起着储存物品作用的储存类家具，如橱、柜、架、箱等。

这三大类家具基本上囊括了人们生活及从事各项活动所需要的家具。家具设计是一种创作活动，它必须依据人体尺度及使用要求，将技术与艺术诸要素加以完美的综合，如表 3-8、图 3-17 至图 3-21 所示。

表 3-8　我国人体主要尺寸（mm）及体重（kg）

性　别		男（18～60岁）			女（18～55岁）		
测量项目　　百分数（%）		5	50	95	5	50	95
立姿	1. 身高	1583	1678	1775	1484	1570	1659
	2. 眼高	1474	1568	1664	1371	1454	1541
	3. 肩高	1281	1367	1455	1195	1271	1350
	4. 肘高	954	1024	1096	899	960	1023
	5. 手功能高	680	741	801	650	704	757
	6. 上臂长	289	313	338	262	284	308
	7. 前臂长	465	237	258	193	213	234
	8. 大腿长	428	465	505	402	438	476
	9. 小腿长	338	369	403	313	344	376
	10. 最大肩宽	398	431	469	363	397	438

性　　　别	男（18～60岁）			女（18～55岁）		
测量项目 百分数（%）	5	50	95	5	50	95
11. 座高	858	908	958	809	855	901
12. 眼高	749	798	847	695	739	783
13. 肩高	557	598	641	518	556	594
14. 肘高	228	263	298	215	251	284
15. 臀膝距	515	554	595	495	529	570
16. 膝高	456	493	532	424	458	493
17. 小腿加足高	383	413	448	342	382	405
18. 座深	421	457	494	401	433	469
19. 下肢长	921	992	1063	851	912	975
20. 臀宽	295	321	355	310	344	382
21. 手长	170	183	196	159	171	183
22. 足长	230	247	264	213	229	244
23. 体重（公斤）	48	59	75	42	52	66

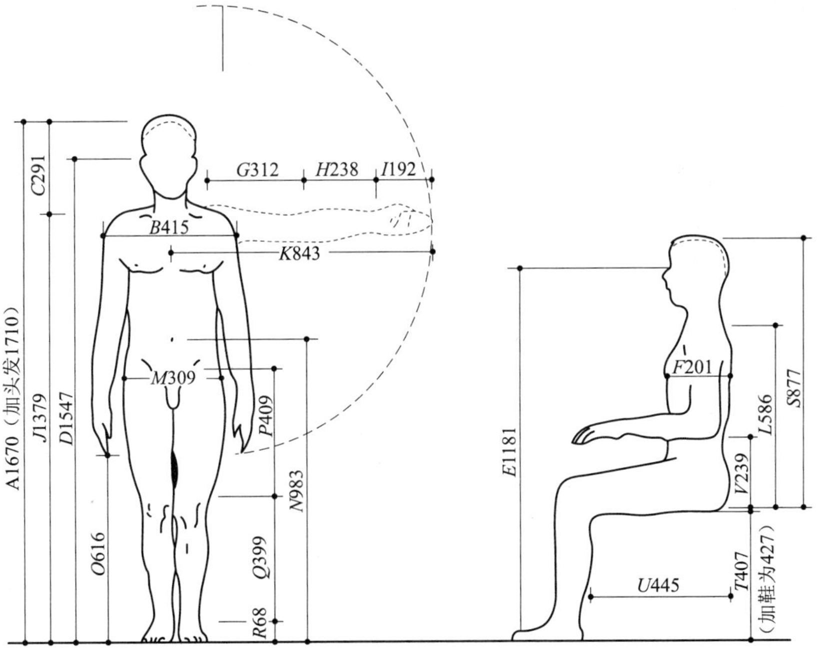

（坐姿：11~20项；其他：21~23项）

成年男子

图 3-17　人体测量值（单位：mm）（1）

第三章

制作工艺与人性化

117

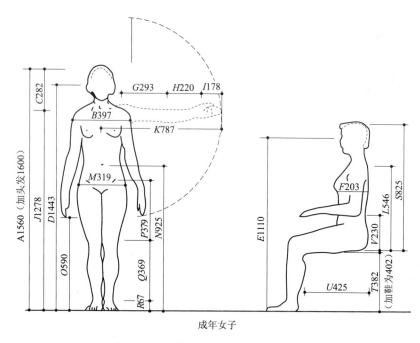

成年女子

图 3-18　人体测量值（单位：mm）（2）

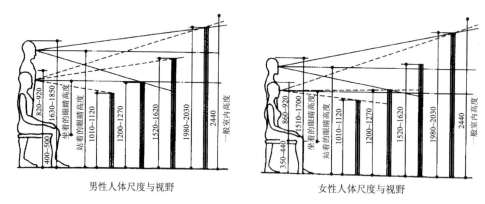

男性人体尺度与视野　　　　　女性人体尺度与视野

图 3-19　男、女人体尺度与视野（单位：mm）

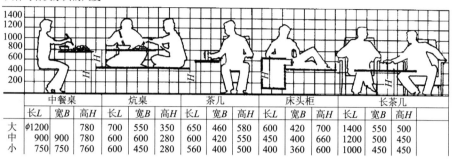

人体与各类家具的尺度

	中餐桌			炕桌			茶几			床头柜			长茶几		
	长L	宽B	高H	长L	宽B	高H	长L	宽B	高H	长L	宽B	高H	长L	宽B	高H
大	Φ1200		780	700	550	350	650	460	580	600	420	700	1400	550	500
中	900	900	780	600	600	280	600	420	550	450	400	660	1200	500	450
小	750	750	760	600	450	280	560	400	500	400	360	600	1000	450	450

图 3-20 人体与各类家具尺度（单位：mm）

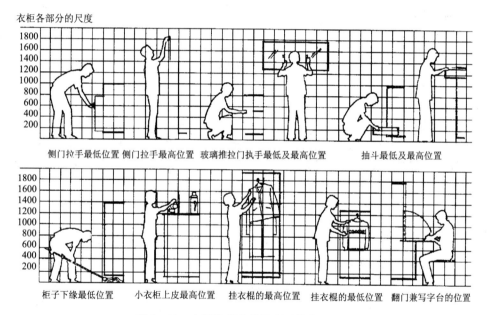

衣柜各部分的尺度

侧门拉手最低位置　侧门拉手最高位置　玻璃推拉门执手最低及最高位置　　　抽斗最低及最高位置

柜子下缘最低位置　　小衣柜上皮最高位置　　挂衣棍的最高位置　　挂衣棍的最低位置　翻门兼写字台的位置

图 3-21 衣柜各部分的尺度（单位：mm）

一、坐卧类家具

椅类包括工作椅、扶手椅、轻便沙发椅、躺椅、大型沙发椅等。这里就其中主要的几种分别说明如下。

1．工作椅

椅子的基本体型是由一个立方体和一个面组合而成的。图 3-22 是一个椅子的原始基本型。工作人员大部分时间是坐着工作的，因而，选择合适的座椅就非常重要了。首先要考虑椅子的高度，座高是指坐具的座面与地面的垂直距

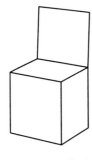

图 3-22 椅子
原始基本型

离，由于椅座面常向后微倾斜，因此通常以前座面高作为椅子的座高，如图 3-23 所示。座高是影响坐姿舒适程度的重要原因之一，座面高度不合理会导致不正确的坐姿，并且坐得时间过长，就会使人体腰部产生疲劳感。我们通过对人体坐在不同高度的凳子上，其腰椎活动度的测定，可以看出凳高为 400mm 时，腰椎的活动度最高，即疲劳感最强；其他高度的凳子，其人体腰椎的活动度下降，随之舒适度增大。这就意味着（凳子在没有靠背的情况下）凳子看起来座高适中的（400mm 高）反而腰部活动最强，如图 3-28 所示。在实际生活出现的人们喜欢坐矮板凳从事活动的道理就在于此，人们在酒吧间座高凳活动的道理也相同。椅子的高度是由人的小腿的长度决定的（通常也应该把鞋跟的高度考虑进去），一般为 420mm～440mm。高度合适的椅子会使人的身体重量均匀地分在大腿和臀部上，不可过高过低。由于每个人的身高不同，因而，工作椅应该具有自由调节座椅高度的装置。

图 3-23　凳子座高与腰椎活动强度

　　图 3-24 是一个木制的椅子，它是在椅子的原始基本型的基础上按照使用的功能要求和美观要求进行设计的。椅子的座面是实板，椅子的腿和撑子组成了虚的空间。靠背是虚的，打破了座板与靠背板都是实板的沉闷、呆滞感觉。特别是夏天，实板靠背尤其感到闷热。靠背的立条，有宽有窄，再加上它们之间的空当，富有韵律。

　　图 3-25 前边宽后边窄。前边宽是为了给腿部增加活动范围。从造型的美观上讲，由于后面一收，就打破了立方体的呆板、单调的感觉。虽然前面感觉重量大了，但是后面的靠背凸起来了，又使得椅子的前后恢复了平衡。坐垫的设计内容包括坐垫的大小、形状和厚度，坐垫的大小取决于座椅使用的性质。长时间不移动且带扶手的高靠背座椅的座垫面积偏大。使用时，需要经常活动的座椅，其座垫的面积应小一些，因为使用起来比较灵活方便。座垫形状的设计最好是前面呈圆形或瀑布形，这样可以使腿部内侧与座面自然接触，不会产生座垫前端对腿部的压迫，使血流不畅而造成不舒适感。座垫的厚度及硬度应

适中，适当的厚度和适宜轻微凹陷，可以加大人体的舒适感。另外还可以防止身体在椅子上向前滑动，但也不宜过厚和过软，因为这样会妨碍身体的移动而增加不适感。椅子的腿部处理：椅子腿的造型设计要求是要刚劲有力，使人感到坐在椅子上，具有安全感。这样椅子才能完全承受得了人的体重，并能满足人坐在椅子上的活动要求，而且还很稳。

图 3-24　木制的椅子

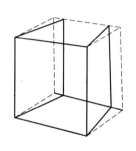

图 3-25　座面

 图 3-26 是椅子腿的立面图，腿的外线是垂直的，内线倾斜，腿上大下小，腿的上部与望板的支撑交接处较大，增加了强度。腿的内线呈八字形，显得刚劲有力。椅子的后腿也是一样，中部料头大些，增加强度，腿向外叉开，增加力感。另外一种椅子，椅子腿的端面如图 3-27 所示，它的靠背板和座板采用多层胶合板，这种椅子除如上所述腿部的处理方法以外，还要处理好靠背板和座面板之间的比例关系。若以座面板为基准，靠背板再加大，就会感到尺寸比较大的工作椅一般应装有扶手，以便让双手和双臂有休息的机会。扶手的设置应考虑它的高度、宽度和长度以及柔软程度。座面宽度低于 500mm，不宜设扶手。椅靠背的作用就是使躯干得到充分的支承，特别是人体腰椎（活动强度最大部分）获得舒适的支承面，因此椅靠背的形状基本上与人体坐姿时的

图 3-26　椅子腿的立面图

图 3-27　椅子腿的端面

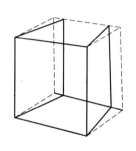

脊椎形状相吻合。靠背的高度一般上沿不宜高于肩胛骨。对于专供操作的工作用椅，椅靠背要低，一般支持位置在上腰凹部第二腰椎处。这样人体上肢前后左右可以自由地活动，同时又便于腰关节的自由转动。如图 3-28，表 3-9 所示。

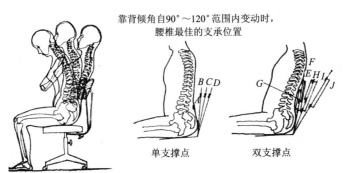

图 3-28　座椅靠背与腰椎关系

表 3-9　人体与靠背 10 种最佳支承条件

条件		人体上体角度	上　部		下　部	
			支承点高度（mm）	支承面角度	支承点高度（mm）	支承面角度
单支承点	A	90°	250°	90°		
	B	100°	310°	98°		
	C	105°	310°	104°		
	D	110°	310°	105°		
双支承点	E	100°	400°	95°	190°	100°
	F	100°	400°	98°	250°	94°
	G	100°	310°	105°	190°	94°
	H	110°	400°	110°	250°	104°
	I	110°	400°	104°	190°	105°
	J	120°	500°	94°	250°	120°

扶手高度：休息椅和部分工作椅需要设有扶手，其作用是减轻两臂的疲劳。扶手的高度应与人体坐骨结节点到上臂自然下垂的肘下端的垂直距离相近。扶手过高时两臂不能自然落靠，此两种情况都易引起上臂疲劳，如图 3-29 所示。根据人体尺度，扶手上表面至座面的垂直距离为 200mm～250mm，同时扶手前端略为升高。

轻便沙发椅是供家庭休息使用的，既节省住宅面积，又能使用方便，这种

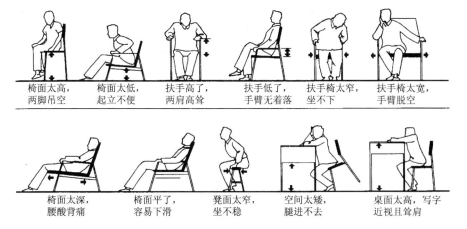

| 椅面太高，
两脚吊空 | 椅面太低，
起立不便 | 扶手高了，
两肩高耸 | 扶手低了，
手臂无着落 | 扶手椅太窄，
坐不下 | 扶手椅太宽，
手臂脱空 |

| 椅面太深，
腰酸背痛 | 椅面平了，
容易下滑 | 凳面太窄，
坐不稳 | 空间太矮，
腿进不去 | 桌面太高，写字
近视且耸肩 |

图 3-29 尺寸不适当的后果

沙发椅尺寸一般不大，如图 3-30 所示。座面与靠背使用弹性材料以满足舒适的要求，扶手和椅腿一般采用木材和金属材料制作，既减少了体积，又增加了不轻便的感觉。沙发的座面前后要有收分，与工作椅的道理相同。靠背的上下也要有收分，同样是为了打破方形呆板的感觉。座面与靠背连起来就形成了一个阶梯收分的形状，使得座面与靠背贯通一气，成为一个有机的整体。扶手的造型，除使用功能上要有好的触感以外，还要起到活跃整体造型的作用。其可富于变化，形式可以多样。扶手沙发椅的腿如图 3-30 所示，也基本上是个八字形，后腿倾斜更大些，与靠背的倾斜角度相呼应，加强腿的力感。

轻便沙发椅立体图　　　　　轻便沙发椅立面图

图 3-30 轻便沙发椅立体图、立面图

沙发椅多供宾馆、会客室等场所使用，要求有舒适感。从美观上来讲，这种沙发是室内陈设中比较重要的部分，要有一定的体量。整体外轮廓线既要完整又要富有变化，整体造型要宽敞、厚实、稳重，但不要笨拙、臃肿。

休闲椅可分为轻便型与标准型两种，前者结构简单、体积较小，后者较为厚重、体积量较大，一般应同时具有支撑颈部与头部的功能。表 3-10 分别列

123

出了这两种椅子的标准尺寸和扶手的适用尺寸。

轻便型休闲椅的尺寸					
参数名称	男　子	女　子	参数名称	男　子	女　子
座高	360～380	360～380	靠背高度	460～480	450～470
座宽	450～470	450～470	座面倾斜度	7°～6°	7°～6°
座深	430～450	420～440	靠背与座面倾斜度	106°～112°	106°～112°
标准休闲椅的尺寸					
参数名称	男　子	女　子	参数名称	男　子	女　子
座高	340～360	320～340	靠背高度	480～500	470～490
座宽	450～500	450～500	座面倾斜度	6°～7°	6°～7°
座深	450～500	440～480	靠背与座面倾斜度	112°～120°	112°～120°
扶手的适用尺寸					
参数名称	工作椅	休闲椅	参数名称	工作椅	休闲椅
扶手前高	距座前 250～280	260～290	扶手的长度	最小限度 300～320	400
扶手后高	距座面 220～250	230～260	扶手的宽度	60～80	60～100
靠背的角度	102°	350°	扶手的间距	440～460	460～500

2. 卧具

床是供人睡眠休息的主要卧具，也是与人体接触时间最长的家具。床的基本尺寸要求是使人躺在床上能舒适地尽快入睡，并且要睡好，以达到消除一天的疲劳、恢复体力和补充工作精力的目的。因此床的设计必须考虑到床与人体生理机能的关系。卧姿时的人体结构特征：从人体骨骼肌肉结构来看，人在仰卧时，不同于人体直立时的骨骼结构。人直立时，背部和臀部凸出于腰椎有 40mm～60mm，呈"S"形。而仰卧时，这部分的差距减少至 20mm～30mm，腰椎接近于伸直状态。人体直立时各部分重量在重力方向相互叠加，垂直向下，但当人躺下时，人体各部分重量相互平行垂直向下，并且由于各体块的重量不同，其各部分位的下沉量也不同。因此床的设计好坏以能否消除人的疲劳，即床的尺度及床的软硬度能否使人体卧姿时处于最佳的休息状态为标准。因此为了使体压得到合理分布，必须精心设计好床的软硬度。现代家具中使用的床垫是解决体压分布合理的较理想用具。它由不同材料搭配的三层结构组成，上层与人体接触部分采用柔软材料；中层则采用较硬的钢丝弹簧构成。这种软中有硬的三层结构做法，有助于人体保持自然和良好的仰卧姿态，从而得到舒适的休息。

人在睡眠时，并不是一直处于一种静止状态，而是经常辗转反侧，人的睡眠质量除了与床垫的软硬有关外，还与床的大小尺寸有关。

床宽：床的宽窄直接影响人睡眠时的翻身活动。日本学者做的实验表明，睡窄床比睡阔床的翻身次数少。当躺在宽为 500mm 的床上时，人睡眠翻身次数要减少 30%。这是由于担心翻身掉下来的心理影响，使人不能熟睡。一般我们以仰卧姿势作标准，以人的肩宽的 2.5～3 倍来设计床宽。我国成年男子平均肩宽为 410mm。按公式计算，单人床宽为 1000mm。但试验表明，床宽自700mm 至 1300mm 变化时，作为单人床使用，睡眠情况都很好。因此我们可以根据居室的实际情况在此范围内决定床宽，单人床的最小宽度为 700mm。

床长：床的长度指两床头板内侧或床架内的距离。为了能适应大部分人的身长需要，床的长度应以较高的人体作为标准进行设计，床的长度可按下列公式计算：L（床长）$= H$（平均身高）$\times 1.05 + A$（头前余量）$+ B$（脚后余量）。

国家标准 GB 3328—1982 规定，成人用床床面净长一律为 1920mm，对于宾馆的公用床，一般脚部不设计架，便于特高人体的客人需要，可以加接脚凳。

床高：床高即床面距地高度。一般与椅座的高度取得一致，使床同时具有坐卧功能。另外还要考虑到人的穿衣、穿鞋等动作。一般床高 400mm～500mm。

双层床的层间净高必须保证下铺使用者在就寝和起床时有足够的动作空间，但又不能过高，过高会造成上下的不便及上层空间的不足。按国家标准GB 3328—1982 规定，双层床的底床铺面离地面高度不大于 420mm，层面净高不小于 950mm。双层床的高差应该用座椅的座高来确定。这一尺寸对穿衣、脱鞋等一系列与床发生关系的动作而言也是合适的。双层床的间高，要考虑两层净高必须满足下层人坐在床上能完成有关睡眠前或床上动作的要求。两层相交的床，不但要考虑下层人的动作幅度，还需处理好上层的梯、扶手、拦板等。这对防止产生由于离地面较高的恐惧心理，具有较好的作用。如图 3 - 31 至图 3 - 32 所示。

二、凭倚类家具

凭倚类家具是人们工作和生活所必需的辅助性家具。如就餐用的餐桌，看书写字用的写字桌，学生上课用的课桌、制图桌等；另有为站立活动而设置的售货柜

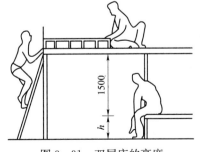

图 3 - 31　双层床的高度

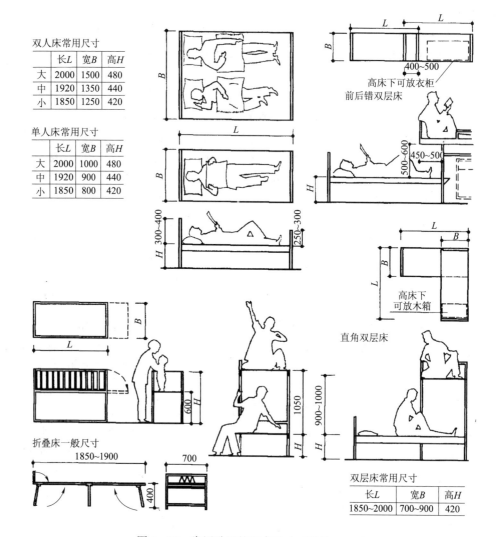

双人床常用尺寸

	长L	宽B	高H
大	2000	1500	480
中	1920	1350	440
小	1850	1250	420

单人床常用尺寸

	长L	宽B	高H
大	2000	1000	480
中	1920	900	440
小	1850	800	420

高床下可放衣柜
前后错双层床

高床下可放木箱

直角双层床

折叠床一般尺寸

双层床常用尺寸

长L	宽B	高H
1850~2000	700~900	420

图 3-32　常用卧具的基本尺寸（单位：mm）

台、账台、讲台和各种操作台等。这类家具有基本功能是为人们在坐、立状态下进行各种活动时提供相应的辅助条件，并兼作放置或贮存物品之用，因此这类家具与人体动作产生直接的尺度关系。

（一）坐式用桌的基本要求和尺度

（1）高度：桌子的高度与人体动作时肌体的形状及疲劳度有密切的关系。经实验测试，过高的桌子容易造成脊柱的侧弯和眼睛的近视，从而降低工作效率。另外桌子过高还会引起耸肩，肘低于桌面等不正确姿势而引起肌肉紧张，产生疲劳；桌子过低也会使人体脊椎弯曲扩大，造成驼背、腹部受压，妨碍呼吸运动和血液循环等弊病，背肌的紧张收缩，也易引起疲劳。因此正确的桌高应该与椅座高保持一定的尺度配合关系。设计桌高的合理方法是应先计算椅座高，然后再加按人体座高比例尺寸确定的桌面与椅面的高差尺寸，即桌高＝座高＋桌椅高差（坐姿时上身高度的1/3）。

根据人体不同使用情况，椅座面与桌面的高差值可有适当的变化。如在桌面上书写时，高差等于1/3坐姿上身高减20mm～30mm。学校中的课桌与椅面的高差等于1/3坐姿上身高减10mm。

桌椅面的高差是根据人体测量而确定的。由于人种高度的不同，该值也就不一，因此欧美、前苏联等国的标准与我国的标准不同。1979年国际标准（ISO）规定桌椅面的高差值为300mm，而我国确定值为292mm（按我国男子平均身高计算）。由于桌子定型化的生产，很难分人使用，目前还没有区分男人使用的桌子和女人使用的桌子，因此这一矛盾可用升降椅面高度来弥补。我国国家标准GB 3326—1982规定桌面高度为$H＝700mm～760mm$，级差$\Delta S＝20mm$。即桌面高可分别为700mm、720mm、740mm、760mm等规格。我们在实际应用时，可根据不同的使用特点酌情增减。如设计中餐用桌时，考虑到中餐进餐的方式，餐桌可略高一点。若设计西餐用桌，同样考虑西餐的进餐方式，使用刀叉的方便，将餐桌高度略降低一些。

（2）桌面尺寸：桌面的宽度和深度应以人坐姿时手可达的水平工作范围，如图3-33所示，以及桌面可能放置物品的类型尺寸为依据。如果是多功能的或工作时需配备其他物品、书籍时，还要在桌面上增添附加装置，对于阅览桌、课桌类的桌面，最好有约15°的倾斜，能使人获得舒适的视域和保持人体正常的姿势，但在倾斜的桌面上，除了书籍、簿本外，其他物品就不易陈放。

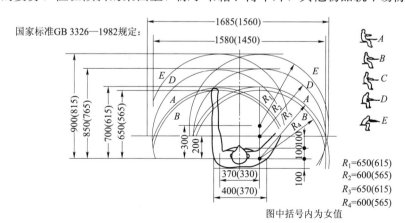

图3-33　手的水平活动幅度（单位：mm）

国家标准 GB 3326—1982 规定：

双柜写字台宽为 1200mm～1400mm，深为 600mm～750mm；单柜写字台宽为 900mm～1200mm，深为 500mm～600mm，宽度级差为 100mm，深度级差为 50mm。一般批量生产的单件产品均按标准选定尺寸，但对组合柜中的写字台和特殊用途的台面尺寸，不受此限制。餐桌与会议桌的桌面尺寸以人均占周边长为准进行设计，如图 3-34 所示。一般人均占桌面周边长为 550mm～580mm，较舒适的长度为 600mm～750mm。

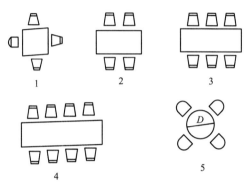

桌号	L 长度	D 深度
1	700～850	600～650
2	780～850	600～850
3	1150～1500	750～900
4	1700～2000	750～900
5		600～850

坐式用桌面尺寸（单位：mm）

圆桌尺寸

人数	4	6	8	10	12
规格 φ	750～900	900～1100	1100～1300	1300～1500	1500～1800

图 3-34　坐式桌面尺寸（单位：mm）

（3）桌面下的净空尺寸：为保证坐姿时下肢能在桌下活动，桌面下的净空高度应高于双腿交叉叠起时的膝高，并使膝上部留有一定的活动余地，如图 3-35 所示。如有抽屉的桌子，抽屉不能做的太厚，桌面至抽屉底的距离不应超过桌椅高差的 1/2，即 120mm～150mm，也就是说桌子抽屉下沿距椅座面至少应有 172mm～150mm 的净空。国家标准 GB 3326—1982 规定，桌下容膝

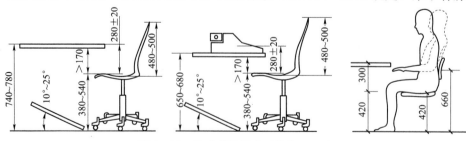

图 3-35　坐式桌椅尺寸（单位：mm）

空间净高大于 580mm。

（4）餐桌的特殊考虑：中西式餐桌应有所区别，如设计中餐桌时只需考虑端碗吃饭的进餐方式，餐桌可略高一点；而设计西餐桌时就要考虑用刀叉的进餐方式，餐桌应低一些。另外，中餐的用餐习惯是聚餐制，所以要考虑每个用餐者都与桌子中心保持方便的距离，所以在形状上应采用圆形或正方形；而西餐习惯于分餐制，所以餐桌可以设计成长条状，如图 3-36 所示。

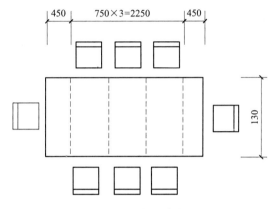

图 3-36　西餐桌（单位：mm）

（二）立式用桌（台）的基本要求与尺度

立式用桌主要指售货柜台、营业柜台、讲台、服务台及各种工作台等，如图 3-37 所示。站立时使用的台桌高度是根据人体站立姿势和屈臂自然垂下的肘高来确定的。按我国人体的平均身高，站立用台桌高度以 910mm～965mm 为宜。若需要用力工作的操作台，其桌面可以稍降低 20mm～50mm，甚至更低一些。

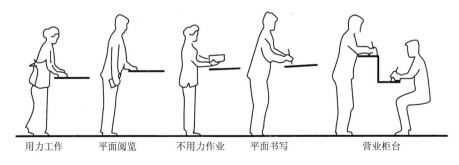

用力工作　　平面阅览　　不用力作业　　平面书写　　　营业柜台

图 3-37　立式用桌与人体尺度关系

立式用桌的桌面尺寸主要由动作所需要的表面尺寸和表面放置物品状况及室内空间和布置形式而定，没有统一的规定，视不同的使用功能作专门设计。

立式用桌的桌台下部不需留出容膝空间，因此桌台的下部通常可作贮藏柜用，但立式桌台的底部需要设置容足空间，以利于人体紧靠桌台的动作之需。这个容足空间是内凹的，高度为80mm，深度在50mm～100mm。

三、储存类家具

储存性家具是收藏、整理日常生活中的器物、衣服、消费品、书籍等的家具。根据存放物品的不同，可分为柜类和架类两种不同储存方式。柜类储存方式主要有大衣柜、小衣柜、壁柜、被褥柜、书柜、床头柜、陈列柜、酒柜等；而架类储存方式主要有书架、食品架、陈列架、衣帽架等。储存类家具的功能设计必须考虑人与物两方面的关系：一方面要求家具储存空间划分合理，方便人们存取，有利于减少人体疲劳；另一方面又要求家具储存方式合理，储存数量充分，满足存放条件。

图3-38中：A是站立时上臂伸出的取物高度，以1900mm为界线，再高就要站在凳子上存取物品，因此1900mm是经常存取和偶然存取的分界线。B是站立时伸臂存取物品较舒适的高度，1750mm～1800mm可以作为经常伸臂使用的挂棒或搁板的高度。C是视平线高度，1500mm是存取物品最舒适的区域。D是站立取物比较舒适的范围，600mm～1200mm高度，但已受视线影响及需局部弯腰存取物品。E是下蹲伸手存取物品的高度，650mm可作经常存取物品的下限高度。F、G是有炊事案桌的情况下存取物品的使用尺度，储存柜高度尺寸要相应降低200mm。根据上述动作分析，家庭橱柜应适应妇女的使用要求。我国的柜高限度在1850mm，在1850mm以下的范围内，根据人体动作行为和使用的舒适性及方便性，再可划分为二个区域，第一区域为以人肩为轴，上肢半径活动的范围，高度定在650mm～1850mm，是存取物品最方便、使用频率最多的区域，也是人的视线最易看到的视域。第二区域为从地面至人站立时手臂垂下指尖的垂直距离，即650mm以下的区域，该区域存贮物品不便，人必须蹲下操作，而且视域不好，一般存放较重而不常用的物品。若尺寸不适当，给使用者带来很多不必要的麻烦，如图3-39所示。若需要扩大

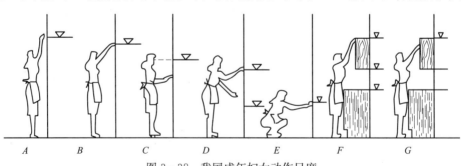

图3-38　我国成年妇女动作尺度

储存空间，节约占地面积，则可以设置第三区域，即橱柜的上空 1850mm 以上的区域。一般可叠放橱架，存放较轻的过季性物品，如棉絮等，如图 3 - 40 所示。

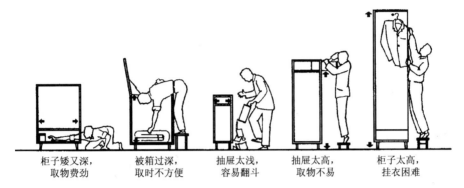

柜子矮又深，取物费劲　　被箱过深，取时不方便　　抽屉太浅，容易翻斗　　抽屉太高，取物不易　　柜子太高，挂衣困难

图 3 - 39　不适当尺寸的后果

在上述储存区域内根据人体动作范围及储存物品的种类，可以设置搁板、抽屉、挂衣棍等。在设置搁板时，搁板的深度和间距除考虑物品存放方式及物体的尺寸外，还需考虑人的视线。搁板间距越大，人的视域越好，但空间浪费很多，所以设计时要统筹安排。至于橱、柜、架等储存性家具的深度和宽度，是由存放物的种类、数量、存放方式以及室内空间的布局等因素来确定，在一定程度上还取决于板材尺寸的合理裁割及家具设计系列的模数化。

桌柜类的体形基本一致，大多是长立方体，在造型规律上也是一样的。它们的品种比较多，大体有大衣柜、小衣柜、书柜、多用柜、食品柜、办公桌、餐桌、会议桌等。进行设计时要首先明确它的使用要求，然后着手设计，使外观和用途很好地结合起来。此类家具的造形的基本概念：正方形、正三角形、圆形具有"肯定外形"的形。就是说，形体周边的"比率"和位置不能加以任何改变，只能按比例放大缩小，不然就会失去此种形的特性。例如正方形，无论大小如何，它们的周边比率永远等于 1，周边所成角度永远是 90；圆形则无论大小如何，它们的圆周率永远是 3.1416；正三角形也具有类似的情况。因此正方形、正三角形、圆形具有肯定的外形。这种形给人们的印象深刻，但易产生呆板的感觉。长方形是一种具有"不肯定外形"的形。它的周边可以有种种不同的比率，由于周边比率的变化，可产生出无数个长方形。因此，长方形富于变化，在设计中多被采用。桌柜类的体形比较完整，呈长方体形，具有三个方向的尺度，但基本上是由两个面决定的，如图 3 - 41 中甲、乙两个面，包含了长、宽、高三个尺寸。长方形虽然变化无穷，但是经过人们长期的实践和

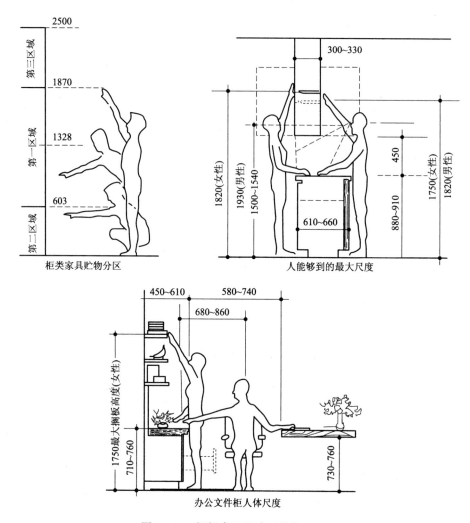

图 3-40 橱柜常用尺寸（单位：mm）

观察，探索出了若干被认为完美的长方形，如 $\sqrt{2}$ 矩形和黄金率矩形就是其中的两种。这两种形状既不会被误认为是一个正方形，也不会被误认为是由两个相连的正方形而产生的。人们的比例观念不是一成不变的，人们在生产实践中会不断地创造出新的、优美的比例。所以对比较好的 $\sqrt{2}$ 矩形和黄金率矩形，不能不分场合的盲目照搬，要在具体的设计中结合柜子的尺寸灵活运用。

工作台的设计主要考虑两个方面的内容，一是台面，二是储藏物品的空间。台面的设计要考率如下三个因素：桌面的大小、桌面的高度、桌面的形状。桌面的大小是由工作的性质和工作时使用桌面积决定的。除特殊用途外，一般的尺寸为：大的1400mm×750mm，小的1300mm×650mm。桌面的高度很重要，因为它直接影响工作的舒适程度和工作效率。桌面的高度一般为750mm～780mm，如果使用键盘可再低一些。大部分人在工作时桌面应比肘臂稍高。桌面的高度应与座椅的高度相配合。桌面的形状通常为矩形，这是由人的两支手臂活动范围决定的，有时也做成略带弧形。在桌面工作时如果经常使用电脑或打字机时，桌面的形状呈L形以便摆放办公所需的各种设备。储藏空间是指存放办公用品和文件的地方。如抽屉、柜橱等。重要的是空间的大小尺寸要符合文件的尺寸，比如，许多高档办公桌的文件柜桶采用

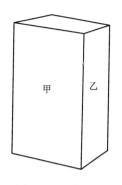

图3-41　桌、柜外形示意图

悬吊式存放文件的方法，在设计时就应按通常文件的尺寸进行考虑。办公桌一定要在桌下留出足够的空间，让双腿和双脚能自由地活动。

　　以上是坐卧类、凭倚类和贮存类家具与人体相关的基本尺寸。由于家具放置于室内环境中，在室内设计和制图时，必然要遇到室内空间、家具和陈设等与尺度的关系问题。而且需要经常地查找这些资料，为了方便设计，这里介绍一些室内环境中的与家具相关的常用尺寸资料。

　　1. 墙面尺寸（单位：mm）

　　（1）墙裙线高：800～1500。

　　（2）踢脚板高：150～200。

　　（3）挂镜线高：1600～1800（画中心距地面高度）。

　　2. 餐厅（单位：mm）

　　（1）餐桌高：750～790。

　　（2）餐椅高：450～500。

　　（3）圆桌直径：二人：600，三人：800，四人：900，五人：1100，六人：1100～1250，八人：1300，十人：1500，十二人：1800。

　　（4）方桌尺寸：二人：700×850，四人：1350×850，八人：2250×850。

　　（5）餐桌转盘直径：700～800。

　　（6）餐桌间距：（其中座椅占500）应大于500。

　　（7）主通道宽：1200～1300。

　　（8）内部工作通道：600～900。

　　（9）酒吧台高：900～1050，宽：500。

　　（10）酒吧凳高：600～750。

133

3. 商场营业厅（单位：mm）

（1）单边双人走道宽：1600。

（2）双边双人走道：2000。

（3）双边三人走道宽：2300。

（4）双边四人走道宽：3000。

（5）营业员柜台走道宽：800。

（6）营业员货柜台：厚：600，高：800～1000。

（7）单靠背立货架：厚：300～500，高：1800～2300。

（8）双靠背立货架：厚：600～800，高：1800～2300。

（9）小商品橱窗：厚：500～800，座高：400～1200。

（10）陈列地台高：400～800。

（11）敞开式货架：400～600。

（12）放射式售货架：直径2000。

（13）收款台：长：1600，宽：600，高：1200。

4. 饭店客房

（1）标准面积：大：25m²，

中：16m²～18m²，

小：16m²。

（2）床：高：400mm～450mm。

床靠高：850mm～950mm。

（3）床头柜：高：500mm～700mm，

宽：500mm～800mm。

（4）写字台：长：1100mm～1500mm，

宽：45mm～600mm，

高：700mm～750mm。

（5）行李台：长：910mm～1070mm，

宽：500mm，

高：400mm。

（6）衣柜：长：800mm～1200mm，

宽：500mm。

（7）沙发：宽：600mm～800mm，

高：350mm～400mm，

靠背高：1000mm。

（8）衣架高：1700mm～1900mm。

5. 卫生间（单位：mm）

(1) 浴缸长度：一般有三种1220、1520、1680。

　　宽：720，高：450。

(2) 坐便器：750×350。

(3) 冲洗器：690×350。

(4) 盥洗盆：550×410。

(5) 淋浴器高：2100。

(6) 梳妆台：长：1350，宽：450，高：600。

6. 交通空间（单位：mm）

(1) 楼梯间缓台净空：等于或大于2100。

(2) 楼梯跑净空：等于或大于2300。

(3) 客房走廊高：等于或大于2400。

(4) 两侧设座的综合式走廊宽度等于或大于2500。

(5) 楼梯扶手高：850～1100。

(6) 门的常用尺寸：宽：850～1000。

(7) 窗的常用尺寸：宽：400～1800（不包括组合式窗子）。

(8) 窗台高：800～1200。

7. 灯具（单位：mm）

(1) 大吊灯最小高度：2400。

(2) 壁灯高：1500～1800。

(3) 反光灯槽最小直径：等于或大于灯管直径两倍。

(4) 壁式床头灯高：1200～1400。

(5) 照明开关高：1000。

8. 办公家具（单位：mm）

(1) 办公桌：长：1200～1600，

　　　　　　宽：500～650，

　　　　　　高：700～800。

(2) 办公椅：高：400～450，

　　　　　　长×宽：450×450。

(3) 沙发：宽：600～800，

　　　　　高：350×400，

　　　　　靠背高：1000。

(4) 书柜：高：1800mm，宽：1200mm～1500mm，深：450mm～500mm。

(5) 书架：高：1800mm，宽：1000mm～1300mm。

9. 学校用家具

一般家庭用写字台长度常用尺寸有：900mm，1200mm，1400mm；普通文员用办公桌有：1200mm，1400mm；主管人员用办公桌有：1400mm，1600mm，1800mm；大班台有：1800mm，2100mm，2300mm。桌子高度为720mm～760mm。至于抽屉的尺寸，应由其内部所收藏物品的种类、数量、大小、排列及收藏方法等决定。两侧设置抽屉的办公桌较合理，中间应避免设置抽屉或用小于100mm的薄抽，否则会影响腿部活动。抽屉的高度一般是由上向下逐渐增加，即上小下大，这里视觉上的要求与功能上的要求是一致的。轻而细小的物品如文具类可放上层，而书本等较重的物品均可放置下层，使之稳定。抽屉的高度一般不小于50mm，不大于150mm。因为若抽屉太浅就无利用价值，太深则不易整理。对于重物而言一难搬动、二易损坏。特别高的抽屉可以设置文件挂架，将文件倾向竖起挂在抽内，以便翻阅与抽取，在桌上放置的小书架或小物架，其位置必须在手肘弯曲范围之内，这样才能方便地将物品取出或放入。架子也不宜过高，否则会感觉不舒服。设计儿童用家具与成人用家具的不同之处在于学生在不断地生长着，故须特别谨慎，因儿童在发育期间，若家具不适合，会影响身心健康。

本章 同步实践练习

复习思考

1. 家具结构大致分为几种？

2. 家具的主要材料和附件分别是什么？

3. 比较坐卧类家具、凭倚类家具、储存类家具的不同结构。

实践应用题

依据本章第三节人体工程学内容，设计一套适合自己的桌椅，标明自己的人体测量值及家具尺寸。

第四章

家具设计与应用场所

本章学习目标

知识目标

通过本章课程教学，使学生重点掌握：

- 家具设计在不同场所的应用。
- 了解常用场所的家具特点。

能力目标

- 能够掌握常用场所家具的不同功能。
- 能够掌握在不同的室内环境配置不同的成套家具。

室内设计在空间确定之后，家具就成为室内环境功能的主要构成因素和体现者。所以也可以说，家具是室内中第一位重要的组成部分。室内设计的目的是要创造一个最适合人工作或生活的环境。这个环境包括天花板、地面、墙壁、家具、灯具等其他陈设品。这其中家具是陈设设计的主体。一个空间，首先由家具定下主调，然后再辅之以其他的陈设品，最后才能构成一个具有艺术效果的室内环境。从这一点来讲，如果没有好的家具，就无法创造出理想的空间环境。

人们的室内活动有单人进行的，有双人、三人进行的，活动内容有行走、坐姿取物、站立取物、站立工作等。有时人们在一个位置上做二个或三个内容的活动。

在室内，家具的体量关系并不是不可改变的，而人们在室内的基本活动的尺度则是一个不能改变的"常数"，由于它是反映人在室内活动时所占的空间

137

尺度。在家具设置上还必须注意人在室内活动时的交通路线。确定个别家具之间或成组家具之间的走道宽度和距离大小，应该以保证人们在室内便于移动家具和使用家具的基本空间为前提。

不同的室内环境，要求采用不同的室内陈设、不同家具配置。也就是说，家具的造型和功能要符合室内环境的需要。下面介绍不同场所的家具设计范例：

第一节　购 物 场 所

商场家具有其自身的特点。销售的货物不同，销售的方式不同，形成各种不同的家具形式。传统的销售方式是营业员站在柜台内，顾客在柜台外，商品摆放在柜台里或营业员身后的货架上。这种销售形式产生了简单的家具形式，有标准的柜台和标准的货架，不可能产生丰富的造型形式，但在标准的装饰和材料的应用上有所变化。

为了促进商品的销售，越来越多的商场使用了开架销售的方式。这种形式给商场的装饰布置带来了变化，也给商场家具的造型带来了变化。开架销售的方式，使商场和顾客之间的距离近了，营造和谐自然的气氛，顾客可自由地穿行在货架之间，仔细地挑选商品。

商场家具的形式主要有如下几种：

（1）隔绝式。

售货柜、陈列柜沿墙围成封闭形，顾客不能直接拿到商品，常用于钟表、首饰等贵重商品的陈列销售。

（2）半隔绝式。

陈列柜围成半开口的销售平面，顾客有一定程度的自由选择商品的余地，适合书店、文化用品商店和日用百货商店。

（3）敞开式。

售货柜、陈列柜、商品全部敞开，顾客可自由选择商品，自选商场即属此类布置。

（4）周边式。

售货柜、陈列柜绕柱或自行围合成封闭形，具有隔绝式特点，但顾客可在其周边选择商品。

（5）混合式。

在大型百货商店或综合商场内由于面积过大可以将上述四种形式混合布置，以取各种布置方式所长，如图 4-1 所示。

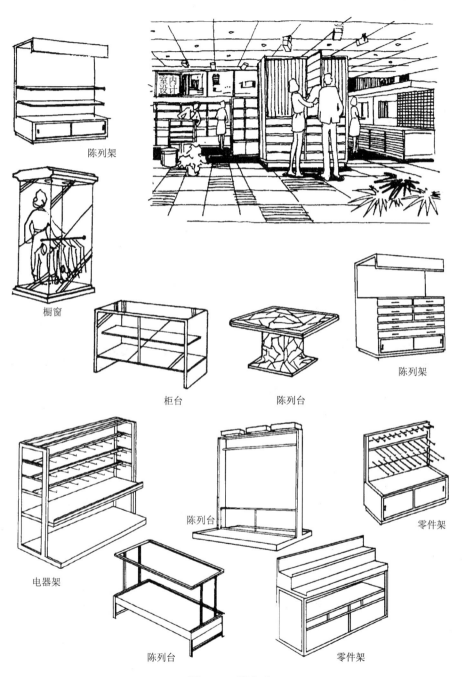

陈列架

橱窗

柜台

陈列台

陈列架

电器架

陈列台

陈列台

零件架

零件架

图 4-1　混合式

商场常见座椅组合如图4-2所示。

图4-2　商场桌椅组合

各种专卖店根据其性质不同，应设置不同的尺寸，如图4-3至图4-7所示。

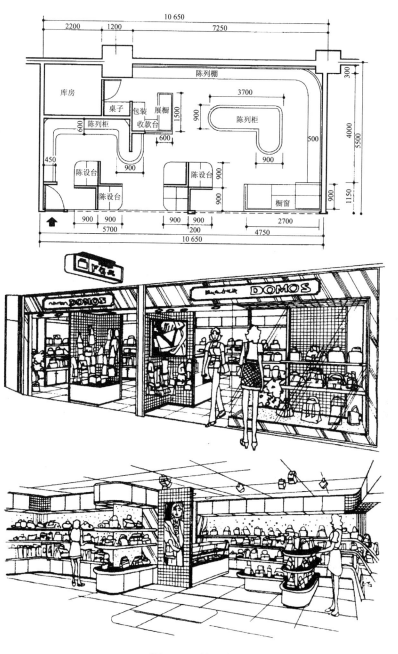

图4-3　箱包店

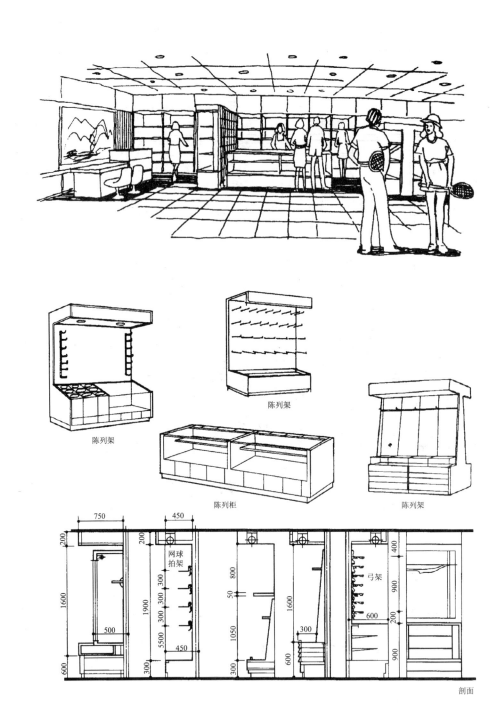

陈列架

陈列架

陈列柜

陈列架

网球拍架

弓架

剖面

图 4-4　体育用品店

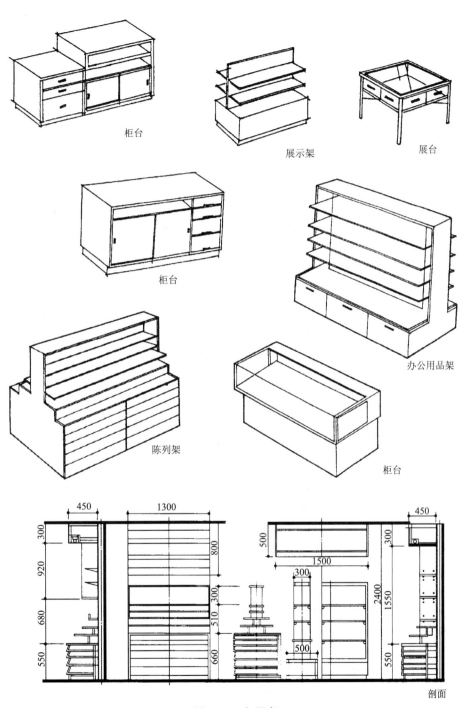

柜台

展示架

展台

柜台

办公用品架

陈列架

柜台

剖面

图 4-5 文具店

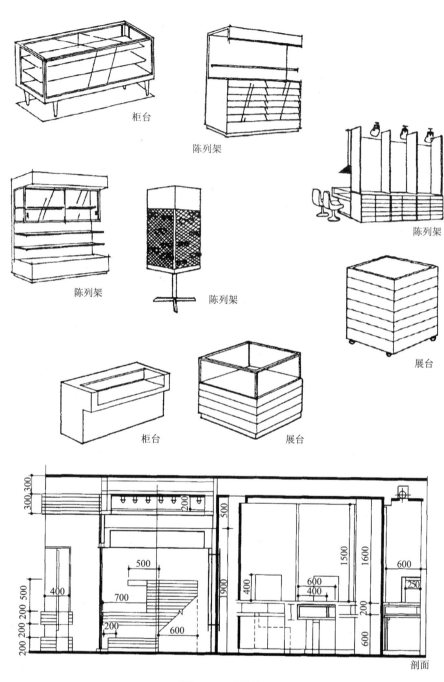

柜台

陈列架

陈列架

陈列架

陈列架

陈列架

展台

柜台

展台

剖面

图 4-6　眼镜店

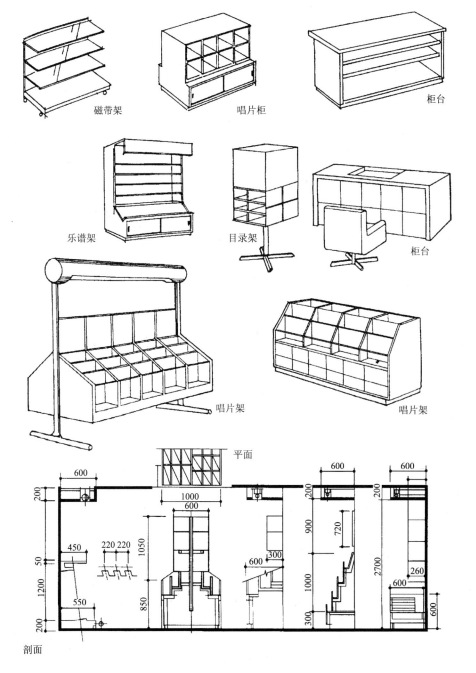

磁带架　　　　　唱片柜　　　　　柜台

乐谱架　　　　　目录架　　　　　柜台

唱片架　　　　　　　　唱片架

平面

剖面

图 4-7　音像店

第二节　餐饮场所

一、餐厅

中国人是很讲究一日三餐的，俗话说"民以食为天"。餐厅是家人用餐的地方，也是招待宴请亲朋好友的地方，同时，餐厅也可以作为家人朋友聚会娱乐的场所。餐厅的功能性在居室里很突出，在装修上有它自己独特的特点。餐厅反映了家庭的生活质量，成功的餐厅设计应该最大限度地利用空间，有合理的布局，能营造出那种轻松怡人的进餐环境。

常见的餐厅形式有三种：与厨房合并的餐厅、与客厅合并的餐厅、独立的餐厅。与厨房合并的餐厅，空间大一些的，可以独立地布置餐桌和餐椅，空间小一些的，可以配上几把折叠的桌椅，以便能充分地利用空间。不论怎样布置，都不能影响厨房空间的烹调活动，也不能破坏进餐空间的气氛。与客厅合并的餐厅比较好布置，这种格局的餐厅装饰重功能性，以美观为主，同时这里的主空间是客厅，餐厅的装修格调必须与客厅统一，否则两个相连的空间会给人一种不协调的感觉。以上两种与其他空间合并的餐厅都存在一个隔断形式的问题，根据隔断形式可分为半开放式和开放式。用透空架柜、便餐桌和出菜口等半开放的隔断，是最理想且又适合普通家庭的设计，这样可以最大限度地利用空间，迅速地传递饭菜。不过需要注意的是，在狭小的空间里，应尽量防止视线的阻碍，以便给人一种宽敞明亮的感觉。餐厅与客厅的隔断可采用艺术隔断，在造型上多下工夫，对于宾客较多的餐厅最为合适，以便能快速方便地进餐。

一般家庭都有一个相对独立的空间供进餐。餐桌的大小以用餐的人数而定。餐桌对用餐的气氛影响很大，若空间许可，尽可能采用大餐桌。圆形餐桌可使就餐气氛柔和；长方形桌虽占据较大空间，但使用起来方便；方形餐桌用起来更方便些。

在营业性的餐厅中，餐桌排列上要求较高，而桌子本身无太高的要求，桌布一摊就可以了。关键是椅子的造型要新颖，和环境协调一致。餐桌椅子是餐厅的主要家具，其造型与色彩最能体现餐厅的风格。选择餐桌椅子时要注意其大小要与餐厅空间比例协调，符合人体工程学，以舒适便利，美观大方为主。如圆桌气氛亲切，适应大空间。方桌虽限定了空间，却雅致柔和。木桌椅适合温馨的暖色调，玻璃桌椅适合欢快明亮的中性及冷色调。就一般家庭讲，还是"简要"一些为好，这是说，所选用的餐桌、就餐椅，应线条简单、颜色淡雅、便于清洁。可根据不同的场合，选择不同的家具。

二、饮食店

木质餐桌、餐椅、橱柜等，因材质自然天成，浑然一体，有回归自然之意，价格也便宜适中。它既然体现时尚，又能意喻古典高雅，因而备受大多数家庭的青睐。用钢管、钢板、不锈钢焊接组成的钢制餐桌、餐椅、小橱柜、吊柜、格架，坚固耐用，性能稳定，造型也优美流畅，颇受追求现代感的年轻人的欢迎。石材餐桌凝重大方，如配上石凳、石椅，那更是趣味非凡，但价格不菲，适合于面积较大的餐厅。金属架与厚重的坡璃台面结合组成的餐桌，可以说是天合之作，成为室内一道亮丽的风景，晶莹剔透，显示出十足的现代气息。此外还有竹制餐桌、椅，藤制餐桌、椅，塑料制椅、格架等，可根据个人的爱好选用。椅子尽可能和餐桌匹配，在造型、结构、材料、色彩、纹理等方面尽可能与桌子有相同的设计语言。餐桌和椅子的高度，在中、西餐桌设计中都有相应的标准，西餐桌一般呈长方形，其高度在630mm～680mm之间。因为西餐使用刀叉，桌子稍低可以使刀叉操作起来方便。中餐桌的高度比西餐略高一些，一般在680mm～750mm之间。椅子的高度在430mm左右，中、西餐桌用椅基本相同。

餐桌可设计成折叠形，平时可以收折起来，客人一多可以撑开（见图4-8）。中式餐桌中的八仙桌通过折叠可变为圆桌；小方桌可变为长形西餐桌等形式。这种形式在家庭和饭店餐厅中都很普遍。圆形餐桌的优点正在被人们重新认识。圆形餐桌没有视觉上的"死角"，同桌上的人可以相互看见对方便于交谈，用餐气氛很好。圆形餐桌的另一项优点就是，由于没有棱角，可以随意调整用餐人数，宴客时多来三五人依然能应付自如。

第三节　办公场所

办公家具广泛使用于企事业单位的办公室。良好的办公家具，不但使用便捷，有助于提高工作效率，而且还具有装点办公环境的作用。办公家具的主要特点是体量大、实用性强、外形美观、款式新颖、坚实耐久、工艺精细。在科学技术高度发展的今天，很多办公室都配备了电脑及各种专门的办公设备以及相应的服务设施。一般在办公家具设计制作之前就应考虑到他们的款式、造型、功能等因素。

除此之外，办公家具的款式与造型也独具特点，即标志性和象征性。不同的办公环境有不同的特点，而办公家具常常成为体现其风貌和特点的主要形象。人们对一个办公环境的人的评价往往是从办公家具开始的。人们每到一个办公环境，首先看到的是办公家具的形象，"先入为主"这第一印象确实太重

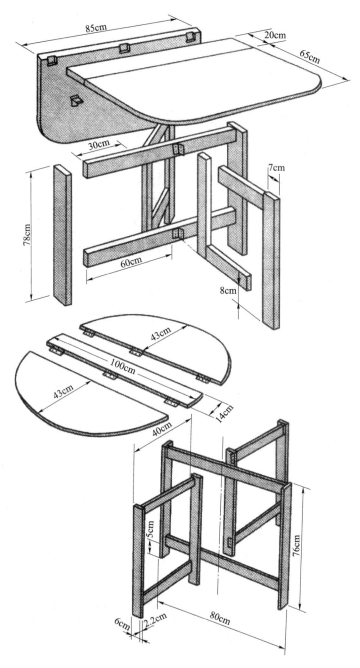

图 4 - 8 折叠式长方桌、圆桌制作图

要了。一个部门的主管和其下属也常常把办公室家具看成是办公环境的门面，并尽可能在选择和使用上重视机能与装饰性的统一，以使办公家具具有某种象征意义，成为单位或企业的重要标志。办公家具的选用与室内布置，直接影响到一个部门的工作环境和办事效率，因此，在家具的设计中，设计者必须将创造合理的办公环境和提高工作效率作为办公家具的重要原则，其他方面的需求均必须统一在这一原则之下，如图4-9所示。从这个意义上说，办公家具是最具"功能性"的家具。办公家具的不同组合方式，如图4-10所示。

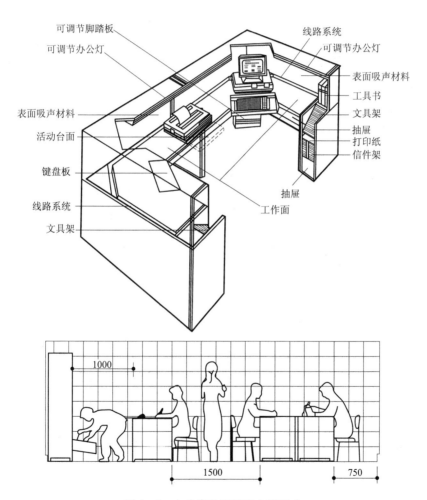

图4-9　办公家具配置和空间尺寸

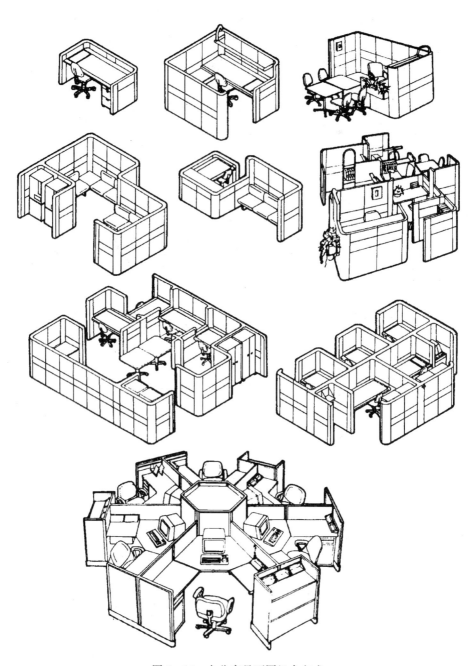

图 4-10　办公家具不同组合方式

第四节　住　宅

一、卧室

居室一般可以划分出如下功能空间：门厅、客厅、卧室、儿童室、书房、卫生间、厨房、餐厅、储藏室、阳台、健身房等。

在设计中应该掌握一些空间的基本计划原则，如"门厅"又称"玄关"，是增加住宅进门处的暂时停留，并置放进出用衣物、用品的临时性小空间。应该注意门厅和大门的关系、门厅与客厅的衔接关系，考虑进出方便，不将尘土带入室内。可以陈设必要的用品，家具（置放外出衣物、鞋帽、雨伞之类）。门厅虽小，但一进门就能看到。第一印象十分重要，因此这个区域不可随意堆放杂物，要整洁、明朗，避免有仓库的感觉。

卧室是人们休息和睡眠的活动空间，对私密性和宁静感有特殊的要求。卧室的基本功能分为两方面：一方面，它要求满足休息和睡眠的基本要求；另一方面，它必须适合休闲、工作、梳妆和卫生保健等的综合需要。卧室家具和环境的布置艺术，是表现整体空间格局个性特色的重点。研究表明：人的一生至少有 1/3 的时间是在卧室中度过的。为此，卧室的布置要讲究色调温馨、柔和，使人感到放松，如图 4-11 所示。

图 4-11　卧室家具组合

设计卧室家具时，首先应考虑卧室的面积、形状、格局、使用人数及朝向等因素；然后根据实用的目的和综合因素来选择家具种类和款式。卧室中最重要的功能区域是睡眠区，这个区域的主要家具是床和床头柜，要设置良好的床头局部照明光源，以满足床头阅读的需要。床的摆放要讲求合理性和科学性。梳妆台、镜子、梳妆凳则是卧室内梳妆区的主要家具。若卧室较为宽敞，可把床居中布置，两边各配一床头柜，如图4-12所示。床的摆放一般是南北向床头靠墙，三面留出一定的活动空间。如果居室面积较小，可将床靠墙布置。

中年人在一天的紧张工作之后，卧室便成为他们生活的避风港与补给站。他们需要房间色调稳重而过渡性强，少有跳跃和对比强烈的色彩，能营造出一种宁静安逸的氛围。对室内的家具、摆设以及线条崇尚简洁，无须过多修饰。各种软装饰的选用更追求材料上的质地品质与舒适感，使他们可通过睡眠，过滤掉生活中的压力。

老人卧室应素雅舒适。老年时期是对睡眠要求最多的阶段。老人最重视睡眠质量，对房间装饰是否时尚不再追求。居室的色彩布置应注意色调的和谐美观，采用偏暖素雅的颜色可使老人心情平静而愉快。床要软硬适中而宽敞舒适，还可选用具有较好隔音效果的窗帘。如能在室内放一把安乐椅或藤椅，往往比沙发更实用，可供老人坐在上面阅读或休息。目前适合老人专用的家具设计还属于空白，这是摆在我国家具设计师面前的重要任务。根据老人的特点，应设计具有稳定性、防磕碰、无硬度边角、多用途、智能化、高科技的家具。

儿童卧室应符合儿童活泼好动的天性。儿童房的布置既要温馨、舒适，更要充满童趣，如图4-13所示。色彩的搭配最能表现和激发儿童的活跃，可选用一面墙或双面墙进行大胆地颜色搭配。采用颜色鲜艳、强烈或造型奇趣的家具及充满卡通色彩的窗帘、床罩、玩具等软装饰营造出一片五彩斑斓的儿童天地。在0~3岁期，婴幼儿对空间的要求较小，只要能摆下婴儿床、搁物架、照看者的座椅、一小块游戏空间就可以了。3~6岁的幼儿一般已经上幼儿园，他们的活动能力增强，活动内容也增加，这时他们最好有自己单独的房间。他们除了要求床和更多的搁物架之外，对游戏空间的要求更大，而且需要符合身体尺寸的桌椅，还需要衣柜。7~13岁属于小学阶段，学习和游戏成为他们生命中的两个重要部分。他们的居室既要做学习室，又要做游戏室、实验室，还要做卧室，他们要求更大的空间来摆放书架等家具。14~17岁即青少年期，孩子已有独立人格和独立的交往群体。他们对自己房间的安排有主见，他们除了学习空间、休息空间之外，还要有待客的交往空间。卧室是他们最喜欢与重视的独立王国。可根据年龄、性别的不同，在满足房间基本功能的基础上，留下更多更大的空间给他们自己，使他们可将自己喜好的任何装饰物随其喜好任

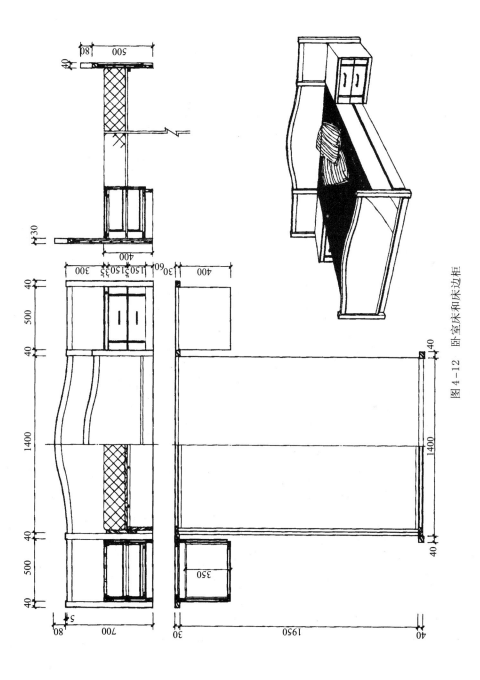

图 4-12 卧室床和床边柜

图 4-13　儿童卧室

意摆放或取消。甚至可取消床的固定位置，便其尽己所爱，充分享受自由。书桌与书架是青少年房间中最不可少的摆设，这不仅是满足其学习工作的需要，更是他们表达自我、体现个性的天地。在这个有心事的年龄段，他们还可以利用书桌与书架保存个人隐私与小秘密。这一时期的男孩与女孩的房间布置极为不同。梳妆台与衣柜对于女孩房间绝不可少，整个房间的颜色都应浪漫而温馨，窗帘、床罩等软装饰在材质上应更加飘逸、舒适，卧室的灯光也要相对柔和，使一切看上去都很朦胧，大大小小的娃娃和小装饰物随处可见。男孩的房间则更为简洁，房间的颜色多一些冷静成熟的意味，各种软装饰的材质也相对硬挺，屋内线条流畅而更见棱角，甚至添些金属材质的装饰来体现阳刚的一面，房间内的饰品也更贴近个人爱好。

　　儿童房家具、用品中的造型装饰要多采用不同的形状和图案，如衣柜、床、小桌子等的一些部件采用或圆形、或方形、或三角形的形状。被子、窗帘等布艺在图案花纹上要变化无穷，或小花，或星星月亮，或小熊等。要尽量设计一些环保、表面光滑、质地较软、没有硬角的家具，不要选择那些坚硬而粗糙、触感冰冷或易碎的材料（如大理石、玻璃等）。例如，地面一般使用木地板或铺上地毯，小孩子在地上爬行、赤脚走动时感觉柔软舒适，即使摔倒也不易受伤。再如，在墙面饰材的选择上，可采用内墙漆或墙纸，色彩丰富，手感好，便于更新换代。尤其是墙纸，具有各种各样的图案，可以满足小孩子们的心理要求。此外，这两种墙面饰材有些品种还可以湿擦洗，不用担心喜爱涂鸦的小孩进行"自由的创作"而弄脏墙面。除了一些基本的装饰之外，多使用一些具有卡通形象的玩具和图片来点缀童房，也能创造出小朋友们喜欢的气氛。

二、书房

书房是供人们读书、学习和研究的空间。书房的家具主要由写字台、书柜、座椅和沙发组成。书柜和写字台有时组合在一起使用，如图 4-14 所示。书柜款式大致分为通天式、单体式、组合式、转角式、悬挂式书立和移动式等。书房家具的款式不同于其他各类的家具款式，要求设计简洁，突出书房主题，具有庄重、雅典大方的风格。在造型上力求凹凸有致，高矮比例适中，格式分配合理，整体结构优美，形成错落均衡的效果。在色彩上，书房的环境颜色和家具色彩采用冷色调者居多，这有助于使用者心理平衡、情绪安定。简单的家具布局可以突出主人的志向和情趣，给人以高雅之感。应根据个人的爱好和修养购置和摆放家具。办公家具主要由工作包间割断、微机台、写字台、文件柜、半封闭式工作间、卡片文档柜、书柜、招待台、排列式工作台、会议桌椅、沙发、茶桌、打字桌、五斗柜和各种款式的钢木椅等组成。

三、客厅

从福利房到商品房，人们抛开了面积的束缚，开始讲求"厅"的设计，采用动静分区和公私分离的手法。住宅设计注重了人的需要和居住行为规律，即有了"以人为本"的基本着眼点。但是随着市场的某些炒作，很多的做法变得不"理性"了。厅的面积被扩大到 $70m^2 \sim 80m^2$，卫生间被炒到 $20m^2$，这就不是一般人所能接受的。住宅的空间的舒适程度是以人的心理感觉为基准，过大的空间会失去家庭的温馨感、亲和感，会失去家庭特有的生活气氛。有时还会使自已觉得渺小，而变得冷漠。结果是花了钱（购房），而又未获得居住质量的改善，所以客厅的家具设计要根据实用的需求，不要盲目攀比，要依据人体功能的标准精心设计，如图 4-15 和图 4-16 所示。

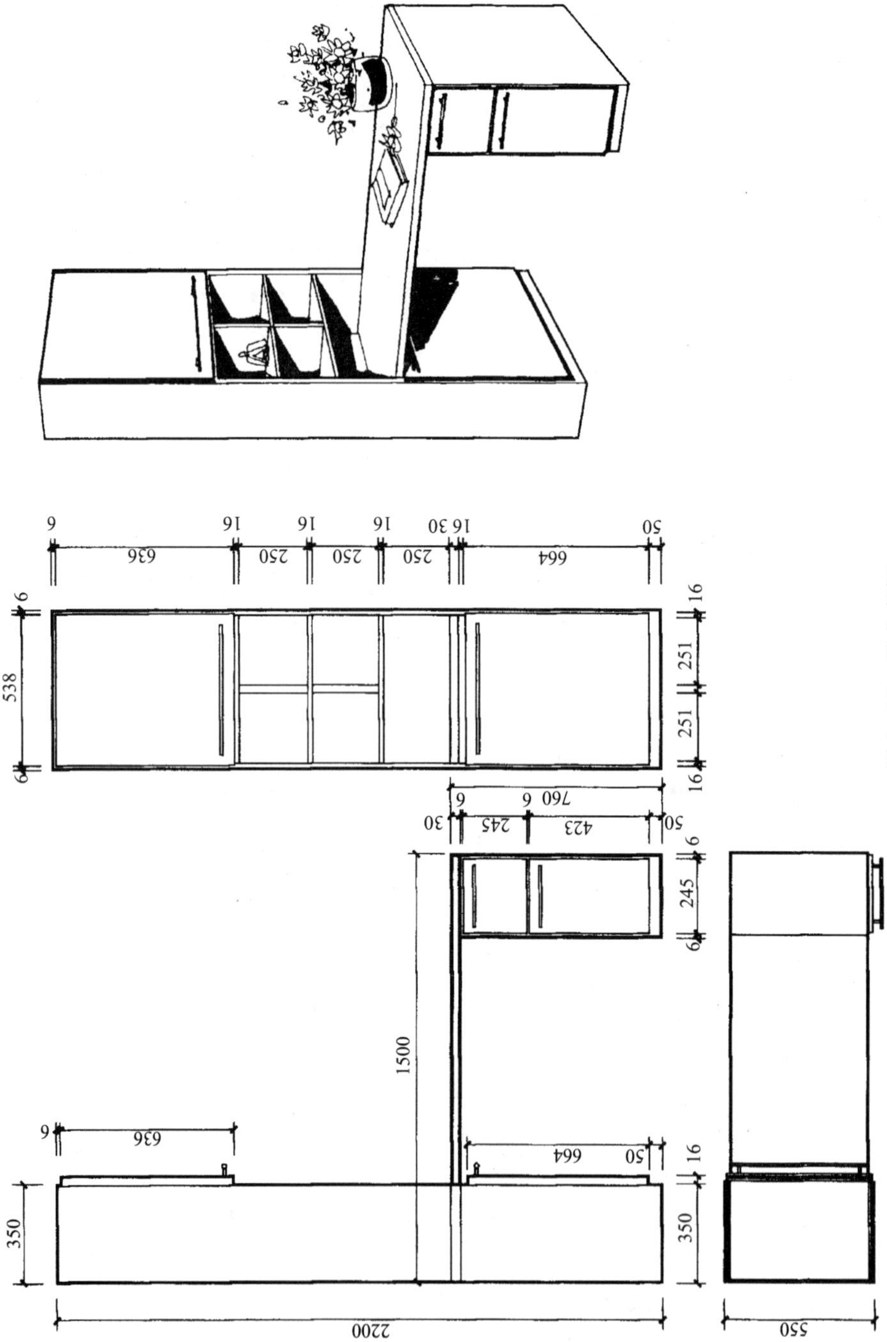

图 4-14 组合书柜

图 4 - 15　中式客厅

图 4 - 16　欧式客厅

客厅应与过厅相邻，空间设置不要穿越其他居室。客厅的家具不必多，但要比较讲究而且适用。可以客座和茶几为中心。客厅的色调一般不要过于强烈，便于人们以平静而亲切的心情叙谈交往。其装饰风格应文雅且平易近人，要体现出居室主人的文化艺术修养。以供家庭日常起居、休闲等用。作为家庭活动的中心，此空间宜大不宜小。此空间的设计既要具有通用性，又要具审美性。室内家具要从家庭成员需要及空间大小出发，一般可以采用多功能、大容量的内装组合家具，以封闭式和半开放式为主。室内以沙发、茶几为中心，加电器及少而精的艺术品等。室内要有明确的流动线路。

客厅是接人待客的地方，是家庭对外开放的空间。客厅环境布置是否自然得体，直接影响到客人的情绪和兴致，要强调祥和、协调统一的美感。客厅家具通常为沙发（单人、双人、多人和各种组合式沙发）、茶几、安乐椅、电器柜、组合柜、落地衣架等。客厅家具的设计需视客厅的面积、格式和朝向而作。家具的款式要以庄重、大方、比例协调和美观为宜。在色调上，客厅家具的颜色应与房间装饰的色调一致，采用高雅、明亮的暖色调，可以烘托出明快和舒适的气氛。从客厅看，人们逐渐喜欢那种矮橱式的组合家具，衣物、化妆品等物品可以放在卧室中。卧室中的矮橱式的组合家具，其高度一般在0.8m～1.0m之间，可在专层或上面配置影视音响设备、摆放盆花和鱼缸，给人一种整齐划一、错落有致的感觉。矮橱的数量可多可少，在搭配上具有很大的随意性和可选择性。客厅家具的设计和布置须考虑合理、美观、恬静、淡雅、主次分明等因素，给人以充分的活动空间，切忌使人有挤压感。另外还要考虑主人的文化素质、职业、爱好以及经济情况等因素，进行合理设计布置，要避免单纯追求华贵。

四、厨房、卫生间、储藏室

（一）厨房

随着生活水平的提高，传统的厨房空间和简陋的家具已不能满足现代生活的需求。那么如何在有限的面积内创造出适合现代生活秩序的厨房空间，则是室内设计的重要课题。厨具的设计，有"I"形、"L"形、"Π"形等几种主要的配置方式，可依据厨房面积大小和使用者的需求而定。但无论哪种形式，在设计中，都要实现厨房机能的合理运用，如图4-17所示。对于精致小巧的居家空间，厨房多设计成简单的I字形，这种厨具在空间规划上虽无法作出较多变化，但可以创造出更经济的使用空间。对于L形、Π形厨房来讲，在空间规划上更具弹性优势。符合人体工学的柜体设计，可以让使用者在毫不费力地情形下，轻易拿取摆放的器皿、物品，增强实用性并节省时间。主人也可活用转角空间，安装一些具有收纳功能的橱柜，让厨房用品的布置更完善，呈现干净且井然有序的景象。

① 在厨房空间内操作时应可以与家庭成员保持交流

② 厨房有足够的空间，可供多人参与操作

③ 在厨房操作的人可同时照顾、看管儿童

④ 厨房的空间能适应老年人与残疾人使用

⑤ 厨房有良好的视野和采光，使厨房作业轻松、愉悦

⑥ 厨房内有休息和布置绿色的空间，使厨房环境得到改善

⑦ 在厨房内可以边操作，边看电视，听音乐，消除厨房作业的单调感

⑧ 智能化控制设备进入住宅厨房，可在厨房操作的同时进行住宅全方位的管理

⑨ 厨房内的厨柜、电器与其他设备形成系列化的组合产品，使厨房空间得到美化

图 4-17　厨房的功能

159

　　越来越多的厨具注重搭配不同的色彩来营造迥然不同的风格。如果想要温馨典雅的感觉，可选择原木色系的厨具；而运用铝合金材质则可以传达科技感和现代感；铝材、玻璃、亚克力与深色木质的搭配，演绎出犹如家具风格的厨具。厨具设计的家具化，可以使厨房与室内设计形成整体一致的风格。在选择厨房装修的色彩时，可以先确定一种主基调。不宜过多的色彩搭配在一起，这样可以更好地满足舒适性要求。在厨具表面材质的选择上，不锈钢和美耐板，其耐压、耐热和耐磨度较佳；而珍珠板、人造石及天然石构面，耐潮湿效果显著。在转角等细部，设计时采用柔和的动线，可免除在实际使用中产生碰撞，提升家庭中儿童的安全系数。有些消费者将强化木地板引入厨房，取代了一成

不变的地砖，这就是，看重了强化木板的耐磨性、耐酸性好的特点。在墙壁装饰上，木质护墙板、玻璃和金属的局部点缀，可以给现代厨房增添不少美感，并体现出主人的个性。

要想搞好厨房空间的室内布置，首先应了解厨房的炊事程序。这个过程包括三个主要部分，即洗涤、烹调和储藏。这三部分应在合理、方便、井然有序的过程中完成。

厨房面积有限，要充分利用空间。新式的组合厨房家具将厨房中所有的厨具都集中在一起，为冰箱、微波炉等配有专门的橱柜，显得整齐、和谐、紧凑。煤气灶下面设一排矮橱，内有各种方便盒，使其附在橱门上，打开橱门后，所需的东西近在手边，用起来十分方便。煤气灶斜上方设置组合式吊柜，既解决了调料品及食品等储藏问题，又利用了空间，而且取拿器具也十分方便。此外，操作台下部空间也可封闭起来作储藏用，这样整个厨房空间显得井井有条、卫生整洁，不再有杂乱无章的拥挤感。厨房家具的布置应该注意人体尺寸问题。一般工作高度为89cm～92cm，排油烟机与灶台的距离约为61cm～80cm。操作台上有洗涤槽，为保证人在使用洗涤槽时头部不碰到操作台上方的吊柜，则吊柜离地面最小距离为145cm，或吊柜与水池之间的最小距离应为56cm。

厨房中家用电器品种越来越多，如何安装这些电器用品，确实是一大烦恼。这些电器用品有些必须天天使用，有些则一月内仅使用一二次。每天必须使用的电器用品，收在壁橱内，使用起来非常方便。壁橱的大小限制了它的容量，烤箱、咖啡壶、果汁机、电饭煲、电热汤锅等小型家电用品最适合收在壁橱内。壁橱门设计成操作台形式，下边用铰链固定，两边用链条或尼龙绳做斜拉，门打开后即成一操作台面。壁橱里边不用木板封死，直接贴墙布置，墙上集中设置数个两相或三相电源插座，这样使用起来就非常方便。此外，厨房的地面一般选择表面光洁、易清洁的材料，如大理石、花岗岩、地砖。墙面在齐腰位置要考虑用耐碰撞、耐磨损的材料，如选择一些木饰、墙砖，做局部装饰、护墙处理。顶棚宜以素雅、洁净材料做装饰，可给人以亲切感。

（二）卫生间

从理论上讲，厕所是单一功能的房间，而卫生间则是复合功能的使用空间，如图4-18所示。其准确的定义是容厕所、洗浴及洗衣等日常生活功能为一体的专门房间，如图4-19所示。

从厕所到卫生间的住宅室内组成的发展转变，严格地说是功能集约化的发展，同时更是生活居住理念上的根本性改变。这其中，不排除有外来建筑文化的深刻影响，更重要的是住宅开发与设计观念上的更新与进步，而社会大众对此的认可与接受则是这一转变的基础。

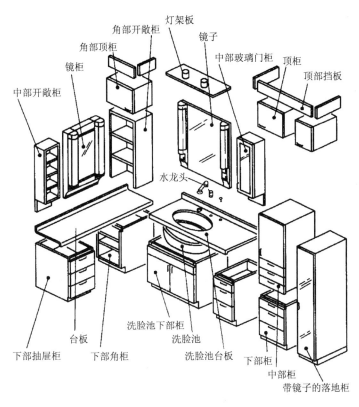

角部开敞柜　灯架板

角部顶柜　镜子

镜柜　中部玻璃门柜　顶柜

中部开敞柜　顶部挡板

水龙头

台板

下部抽屉柜　下部角柜　洗脸池下部柜　洗脸池

洗脸池台板　下部柜

中部柜

带镜子的落地柜

图 4-18　卫生间家具部件名称

　　我国现代化城镇住宅中，卫生间采用坐便器的形式已经比较普遍，尽管人们或多或少还存有生活习性与健康等方面的种种不适应和戒心，但是在家庭自用卫生间中，这种顾虑当然大可不必，特别是带有两个独立卫生间的住宅，其回旋余地可能会更大一些。

　　目前，双卫生间的住宅主要有两类，一种是主卧室带一个自用卫生间而起居室带一个卫生间的形式，这样的布置方式一般来说属于两个独立卫生间的类型；另一种类型则可以是起居室设有两个各自完整独立的卫生间，或者也可以是有所分工与侧重的两个卫生间的组合，即厕卫与洗浴分别设置。

　　家有老人的卫生间可在坐便器附近和浴缸上方安装一个不锈钢的助力扶杆，以方便老人的站起和蹲下。而家有小孩的卫生间则可选用布艺卷纸器或是造型奇特的皂盒等小饰品，这在满足了孩子好奇和贪玩的习性同时，又为卫生间增添一丝活力与温馨，如图 4-20 所示。

盆浴、淋浴

洗脸、洗发

低噪声

更衣化妆

桑拿浴

体育运动

听音乐、看电视

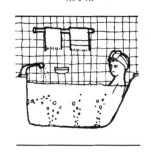
气泡按摩、药浴

眺望风景

老人、残疾人专用

读书看报

休息思考

图 4-19 卫生间家具设备功能

卫浴功能分拆。为满足个性要求，将坐厕相对独立一间，沐浴相对独立一间，它们周围设置着更衣间、化妆间。将沐浴功能与休眠卧室结合。卫浴不仅是生理需要，而且与休息、睡眠有非常有机的、密切的关联，将沐浴间与休眠卧室合为一个大空间进行处理，可给人带来愉悦。卫生间常常做壁橱。如果在柜橱门面安装镜面，不仅使卫生间更宽敞、明亮，而且豪华美观，费用也不贵。更可以与梳妆台结合起来，作为梳妆镜使用。镜面最好加上防雾处理，尺寸可根据自己的需要选择。另外，以前人们习惯于晚上洗头，睡觉后常把头发弄得很乱，于是在早晨洗头的人尤其是女士渐多起来。每次洗头都使用淋浴设施较麻烦，因此可在洗脸盆上装上莲蓬头，非常实用。

出于对卫生间基本功能的考虑，一个标准卫生间的卫生设备一般由三大部分组成：洗面设备、便器设备和沐浴设备。在选择这"三大件"（洗手盆、坐

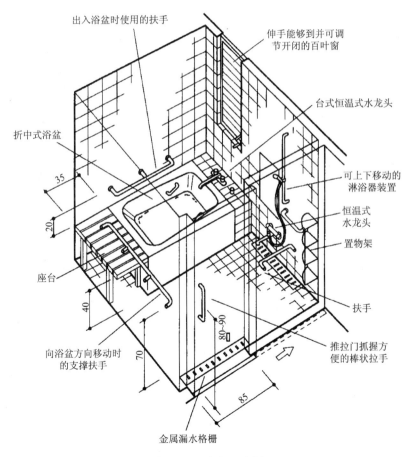

图 4-20　老年卫生间

厕、沐浴间）时应注意颜色的统一，切不可出现混色。对于"三大件"的空间布局应本着由低到高的基本原则进行布置，即从浴室门口开始，最理想的是洗手台向着卫生间门，而坐厕紧靠其侧，把沐浴间设置在最内端。这样无论从作用、生活功能或美观上来说都很好。

此外，对于有条件的家庭最好能作到卫生间的"干湿分离"。具体而言，就是把卫生间的功能彻底分区，克服以往由于干湿混乱而造成的使用缺陷。当然，干和湿是相对而言的，只要合理的把洗浴和坐厕分离，使两者互不打扰，以往那种水花四溅、沐浴后东擦西抹的尴尬就可以避免了。"干湿分离"的方法有很多种，采用沐浴房是最简单的方法。沐浴房可将洗浴单独分出，所占空间也较小。对于安装了浴缸或淋浴的卫生间，可以采取玻璃隔断或者玻璃推拉门来分离，将浴缸或淋浴放在里面，而马桶和洗手盆则安放在外，以便较好的实现"干湿分离"。

最近一段时期以来，一种带有独立分隔与围护的整体式淋浴设施正引起许多家庭的广泛注意。这实际上是一种简易的整体浴室，安装就位极为快捷方便，而且具有适应性强、防水性能好等突出特点。由于像整体沐浴间这样新形式的出现，更引发了住宅工业化课题的深入探讨与研究，从而提出了所谓整体卫生间与整体厨房的概念。这种以工厂化生产加工为基础的卫生间设施等的发展也加速了卫生间的大型化、多功能化、智能化的进程。有的卫生间超过了 $20m^2$，可以边洗浴、边看电视、边听音乐，还可健身。智能化着眼于节水、节电，如可调温马桶坐垫，虹吸式冲水，自动节能的照明等。

（三）储藏室

储藏室一般用于储藏日用品、衣物、棉被、箱子、杂物等物品。储藏室面积小，方位朝向和通风都比较差。储藏室合理的面积为 $1.5m^2 \sim 2m^2$。储藏室内一般设计成"U"形或"L"形柜，以增加储藏量。设计储藏柜应根据实际需要而定，储藏的物品是决定储藏柜内分隔的关键，如储藏衣物应按衣物尺寸而设计。一般放大衣的柜子尺寸长为 1350mm 左右，而放衬衫、短衣的柜子尺寸长为 900mm 左右，放长裤的应在 1000mm 左右，放鞋子的柜子宽为 300mm 左右。储藏室要尽可能地提供悬挂衣服的空间，既有利于衣服的收藏，又可以随时穿着，免去穿前整烫的烦恼。柜顶可装节能灯，增加照度，减少潮湿。可以把门设计成百叶格状，这样既保持空气通透，又节省空间，避免受潮和发生虫蛀、发霉现象。储藏室的墙面要保持干净，以免弄脏储放的衣物。地面可铺地板或地毯，保持储藏空间的干净，防止起尘。

复习思考

1. 家具风格大致分为几类？其要素分别是什么？

2. 公共场所与家庭家具的特点分别是什么？

3. 说明老人与儿童家具风格的不同。

实践应用题

依据本章内容，设计一套适用餐饮场所的家具。

第四章

家具设计与应用场所

参 考 文 献

［1］ 家具创意设计，孙祥明、史意勤编著，化学工业出版社，2010 年 8 月。

［2］ 当代家具设计理论研究，刘文金、唐立华著，中国林业出版社，2007 年 9 月。

［3］ 家具设计基础，徐望霓编著，上海人民美术出版社，2008 年 6 月。

［4］ 艺术·心理·创造力，［美］霍华德·加德纳，中国人民大学出版社，2008 年 10 月。

［5］ 设计创意，杨志麟编著，东南大学出版社，2002 年 12 月。

［6］ 图形创意，周琮凯编著，西南师范大学出版社，2006 年 2 月。

［7］ 王明刚. 环保材料在家具制造中的应用，中小企业技术，2007 年 5 月，61—62 页。

［8］ 家具设计，李凤崧编著，中国建筑工业出版社，1999 年 6 月。

［9］ 新世纪店铺门面设计图集，乐嘉龙主编，机器工业出版社，2001 年 5 月。

［10］ 现代居室环境设计，牟跃编著，知识产权出版社，2004 年 7 月。

［11］ 家具设计图集，劳权智等编著，中国建筑工业出版社，1975 年 7 月。

［12］ 实用镜台 100 例，宿志刚编绘，天津科学技术出版社，1985 年 6 月。

［13］ 美术院校考前辅导丛书，刘宇编绘，天津杨柳青画社，2004 年 1 月。

［14］ 図でみる洋家具の歴史と様式，［日］中林幸夫著，理工学社，1999 年 7 月。

［15］ http：//bbs. jiaju. sina. com. cn/thread-6378095-1. html.

［16］ http：//info. china. alibaba. com/news/detail/v0-d1010353828. html.

［17］ http：//www. yiqunren. com.

［18］ http：//www. de1919. com/.